Operations Research

Herausgegeben von H. J. Zimmermann

Diskrete optimale Steuerungsprobleme und konvexe Optimierung

von

Heiner Fränkel

Walter de Gruyter & Co · Berlin · New York 1971

 – Druck: Mercedes-Druck, Berlin 61

Printed in Germany D 82 (TH Aachen)

ISBN 3 11 003575 8

Vorwort des Herausgebers

Während der erste in der Reihe "Operations Research" erschienene Beitrag die Anwendbarkeit bestimmter Operations Research Verfahren untersuchte, will das vorliegende Buch die Zahl der zur Verfügung stehenden Werkzeuge erweitern: Viele der in der Praxis auftretenden Systeme, seien sie physikalischer, wirtschaftlicher oder technischer Art, sind steuerbar, das heißt ihr Verlauf kann durch Eingriffe beeinflußt werden. Im Rahmen der "Kontrolltheorie" sucht man die Art der "Eingriffe" zu bestimmen, die den Verlauf der betrachteten Systeme in Bezug auf bestimmte Ziele optimal gestalten.

Im vorliegenden Buch wird ein Maximum-Prinzip für diskrete optimale Steuerungsprobleme hergeleitet,deren Zielfunktion konvex ist. Die Probleme können dabei von vornherein diskret sein oder es kann sich um diskrete Approximationen kontinuierlicher Probleme handeln.

Nachdem in den letzten Jahren vornehmlich kontinuierliche Steuerungsprobleme untersucht wurden, ist die Analyse diskreter Probleme besonders zu begrüßen, da sie hoffentlich den Weg für effiziente Verfahren zur Lösung mehrstufiger Entscheidungsprozesse eröffnen wird.

Aachen, im Februar 1971

Prof. Dr. H.-J. Zimmermann

Inhaltsverzeichnis

Einleitung

In der Praxis auftretende physikalische, technische oder wirtschaftliche Prozesse sind in der Regel steuerbar, d.h. man kann von außen her in den Prozess eingreifen und die Zustände, die der Prozess durchläuft, durch eigene Entscheidungen beeinflussen. Dabei tritt die Frage nach den Entscheidungen oder Steuerungen auf, die hinsichtlich eines mit dem Prozess verbundenen Kriteriums optimal sind. Mit solchen Prozessen befaßt sich die "Kontrolltheorie" oder auch die "Theorie der steuerbaren Prozesse".

Mathematisch werden steuerbare Prozesse durch ein System gewöhnlicher Differentialgleichungen

$$\frac{dx_i}{dt} = f_i(x_1,\dots,x_n,v_1,\dots,v_r),\quad i = 1(1)n$$

beschrieben. Darin sind $x_1(t),\dots,x_n(t)$ die zeitabhängigen Zustandsgrößen des gesteuerten Objektes, und $v_1(t),\dots,v_r(t)$ die Steuergrößen, mit deren Hilfe man den Verlauf des Prozesses festlegen kann. Bei gegebenen Anfangs- und evtl. auch Endbedingungen ist eine Steuerung, sie kann auch durch zusätzliche Nebenbedingungen eingeschränkt sein, so zu bestimmen, daß das Integral

$$L = \int_{t_0}^{t_1} f_0(x_1,\dots x_n,v_1,\dots,v_r)dt,$$

wobei f_0 eine gegebene Funktion ist, einen Extremwert annimmt. Die Zeitpunkte t_0, t_1 sind nicht notwendig fest, sondern es wird nur verlangt, daß sich das Objekt im Zeitpunkt t_0 im Zustand $x_i(t_0)$, $i = 1(1)n$, und im Zeitpunkt t_1 im Zustand $x_i(t_1)$, $i = 1(1)n$ befindet. Tritt der Sonderfall $f_0 = 1$ bei variabler oberer Grenze t_1 auf, so spricht man von einem <u>zeitoptimalen</u> Steuerungsproblem.

In der vorliegenden Arbeit wird ein Maximum-Prinzip für solche optimale Steuerungsprobleme hergeleitet, deren Zielfunktion L eine konvexe Funktion der Zustands- und Steuergrößen ist, wobei diese Größen in jedem diskreten Zeitpunkt zusätzliche Nebenbedingungen erfüllen müssen. Die Zustandsgleichungen werden durch ein System von linearen Differenzengleichungen beschrieben.

Ein diskretes Problem dieses Types kann einen Prozess beschreiben, der a priori diskret ist, oder es kann sich dabei um eine Approximation eines kontinuierlichen Steuerungsproblems handeln. Eine solche Approximation ist meist dann erforderlich, wenn ein Digitalrechner zur numerischen Lösung herangezogen wird.

Bekanntlich besteht ein grundlegender Unterschied zwischen dem Maximum Prinzip von PONTRYAGIN [1] [1)] für kontinuierliche Probleme und dem Maximum Prinzip für den diskreten Fall [2]. Dies liegt an der unterschiedlichen Konstruktionsmöglichkeit zulässiger Variationen der optimalen Steuerung. Um notwendige Bedingungen für die optimale Steuerung aufstellen zu können, muß man von der gestörten optimalen Steuerung fordern, daß diese neue Steuerung 1. wieder zulässig ist und 2. eine nur kleine Änderung der optimalen Trajektorie hervorruft. Setzt man voraus, daß das Zeitintervall, während dessen die gestörte optimale Steuerung wirksam ist, hinreichend klein ist, dann kann im kontinuierlichen Fall die Variation der optimalen Steuerung jeden Wert des zulässigen Steuerbereiches annehmen. Aus diesem Grund kann man erwarten, daß die mit dem Steuerungsproblem verknüpfte HAMILTONfunktion in jedem betrachteten Zeitpunkt ein absolutes Maximum annimmt.
Im diskreten Fall müssen jedoch die Variationen der optimalen Steuerung klein gewählt werden, damit eine nur kleine Abweichung von der optimalen Trajektorie hervorgerufen wird. Folglich haben die Bedingungen für die Optimalität einer Steuerung im allgemeinen nur lokalen Charakter. Macht man bei diskreten Steuerungsproblemen noch die zusätzlichen Voraussetzungen, daß sowohl die Zielfunktion als auch die zulässigen Bereiche für die Steuerung und die Zustände konvex sind, so erhält man, wie in dieser Arbeit gezeigt wird, entsprechend zum kontinuierlichen Problem, ebenfalls globale Bedingungen für die Optimalität einer Steuerung.

In den letzten Jahren sind vor allem kontinuierliche Steuerprobleme untersucht worden. Hier soll nur auf die Arbeiten [1,3,5] hingewiesen werden. Grundlegend für die allgemeine Theorie ist dabei die Arbeit von PONTRYAGIN [1], die sich als erstes mit optimalen Steuerungsproblemen beschäftigt. Im Vergleich zu diesem Problem scheint der diskrete Fall noch nicht diese Aufmerksamkeit gefunden zu haben. Dies ist insofern bemerkenswert, weil mit der Übertragung des Maximum - Prinzips von PONTRYAGIN auf diskrete Probleme ein u.U. wirk-

---

1) In [ ] gesetzte Zahlen beziehen sich auf das Literaturverzeichnis.

sames Verfahren zur Lösung von deterministischen, mehrstufigen Entscheidungsprozessen zur Verfügung steht.

In der vorliegenden Arbeit wird ein Maximum - Prinzip für die optimale Steuerung eines diskreten Problems mit Hilfe der "Methode der Straffunktionen" hergeleitet, d.h. man führt eine neue Zielfunktion so ein, daß sie die mit dem Steuerungsproblem verbundenen Nebenbedingungen mit einschließt. Stellt man für dieses Näherungsproblem, jetzt ohne Nebenbedingungen, notwendige und hinreichende Bedingungen für die Optimalität einer Steuerung auf, so wird gezeigt, daß diese Bedingungen gegen die des Ausgangsproblems konvergieren. Gleichzeitig wird man erkennen, daß diese Methode besonders gut zur numerischen Lösung derartiger Probleme geeignet ist. Eine andere Möglichkeit, Bedingungen für die Optimalität einer Steuerung herzuleiten, besteht darin, das Steuerungsproblem in ein konvexes Optimierungsproblem umzuwandeln und dann die Theorie von KUHN und TUCKER anzuwenden [8].
Es wird sich zeigen, daß die hier gefundenen Bedingungen mit denen aus [8] übereinstimmen.
Kapitel (I) befaßt sich mit der Problemstellung bei diskreten optimalen Steuerungsproblemen. Insbesondere werden die Begriffe der Zielfunktion $L[\omega^P]$, der Zustandsgleichungen, der Steuerung sowie die der HAMILTONfunktion und des adjungierten Systems eingeführt.

In Kapitel (II) wird ein Maximum-Prinzip und die Transversalitätsbedingungen für das vorliegende diskrete Problem formuliert und bewiesen (Kapitel III), daß unter den gemachten Voraussetzungen dieses Maximum-Prinzip hinreichende Bedingungen für die Optimalität einer Steuerung liefert.

Kapitel (IV) enthält den Beweis, daß die in (II) aufgestellten Bedingungen notwendig für eine optimale Steuerung sind. Dies wird mit Hilfe der sogenannten Methode der Straffunktionen (IV.1) gezeigt. Dafür werden zur ursprünglichen Zielfunktion $L[\omega^P]$ zusammen mit einem gewissen Parameter $\tilde{\lambda} \in E^{l+1}$ zusätzliche Kosten hinzugefügt, die die Restriktionen bzgl. den Zustandsgrößen berücksichtigen. Für dieses Näherungsproblem mit der Zielfunktion $L[\omega^P, \tilde{\lambda}]$ und ohne Beschränkung der Zustandsgrößen werden nun die bekannten notwendigen Bedingungen [2] in Abhängigkeit des Parameters $\tilde{\lambda}$ formuliert und bewiesen, daß für jedes feste $\tilde{\lambda}$ genau eine optimale Steuerung existiert, die jedoch i.a. keine zulässige, optimale Lösung des Ausgangsproblems darstellt. Auf Grund eines Approximationssatzes (IV.2) läßt sich eine Folge $\{\tilde{\lambda}_\mu\}$ so wählen, daß die für das Näherungsproblem aufgestellten notwendigen Bedingungen gegen die zu beweisenden Bedingungen konvergieren, wenn jede Komponente von $\tilde{\lambda}_\mu$ hinreichend groß wird. Ferner konvergiert die Folge der optimalen Werte der Zielfunktionen $L[w^P, \tilde{\lambda}_\mu]$ gegen den optimalen Wert der Zielfunktion des Ausgangsproblems.

Kapitel (V) befaßt sich mit der numerischen Lösung des diskreten Steuerungsproblems. In (V.1) wird zunächst ein Überblick über bekannte numerische Verfahren zur Bestimmung optimaler Steuerungen gegeben. Die in (IV.1) konstruierte Zielfunktion des Näherungsproblems wird dann in (V.2) zur Lösung des Steuerungsproblems herangezogen, indem zunächst der Gradient dieser Zielfunktion im Steuerungsraum bestimmt wird und anschließend ein geeignetes Gradientenverfahren zur Bestimmung der optimalen Steuerung herangezogen wird.

Kapitel (V) bringt ein numerisches Beispiel.

Bezeichnungen

$\|\mathfrak{A}\|$	$= \sqrt{\lambda_1}$; Norm der Matrix $\mathfrak{A}$, wobei λ_1 der größte Eigenwert der Matrix $\mathfrak{A}\mathfrak{A}'$ ist.
$\mathfrak{A}'$	die zu $\mathfrak{A}$ transponierte Matrix
$(\mathfrak{a}, \mathfrak{b})$	Skalarprodukt der Vektoren $\mathfrak{a}, \mathfrak{b}$
$d(\mathfrak{x})$	Abstandsfunktion für R
∂X_1	Rand des Bereiches X_1
$\tilde{\mathfrak{f}}(\mathfrak{x}(k), \mathfrak{u}(k))$	$= \begin{pmatrix} x_o(k) + z(\mathfrak{x}(k)) + h(\mathfrak{u}(k)) \\ \mathfrak{x}(k) + \mathfrak{A}(k)\mathfrak{x}(k) + \mathfrak{B}(k)\mathfrak{u}(k) \end{pmatrix} \in E^{n+1}$
$\nabla_{\mathfrak{x}} f(\mathfrak{x}, \mathfrak{u})$	Gradient der Funktion $f(\mathfrak{x}, \mathfrak{u})$ bzgl. $\mathfrak{x}$
$H(k)$	$= (\tilde{\mathfrak{p}}(k), \tilde{\mathfrak{f}}(\mathfrak{x}(k-1), \mathfrak{u}(k-1)))$; HAMILTONfunktion
$H_\mu(k)$	HAMILTONfunktion des Näherungsproblems $P[\tilde{\lambda}_\mu]$
$L[\mathfrak{u}^P]$	$= \sum_{i=o}^{N-1} \{z(\mathfrak{x}(i)+h(\mathfrak{u}(i)))\}$; Zielfunktion des Problems $P[\mathfrak{u}^P]$
$L[\mathfrak{u}^P, \tilde{\lambda}]$	$= \sum_{i=o}^{N-1} \{z(\mathfrak{x}(i))+h(\mathfrak{u}(i))+\lambda^o w^2(\mathfrak{x}(i))\} + \sum_{k \in \mathcal{L}} \lambda^k d_k^2(\mathfrak{x}(N))$; Zielfunktion des Näherungsprobleme $P[\tilde{\lambda}]$
$\mathcal{L}$	$= \{1, 2, \ldots, l < n\}$
$\tilde{\lambda}'$	$= (\lambda^o, \lambda') \in E^{l+1}$; Gewichtskoeffizienten
$\mathcal{N}$	$= \{0, 1, 2, \ldots, N-1\}$
$\tilde{\mathfrak{p}}'(k)$	$= (p_o(k), \mathfrak{p}'(k)) \in E^{n+1}$; Kozustandsvektor des Probleme $P[\mathfrak{u}^P]$
$\mathfrak{p}'_\mu(k)$	$= (p_{o\mu}(k), \mathfrak{p}'_\mu(k)) \in E^{n+1}$; Kozustandevektor des Problems $P[\tilde{\lambda}_\mu]$
$P[\mathfrak{u}^P]$	das diskrete optimale Steuerungsproblem $L[\mathfrak{u}^{oP}] = \min_{\mathfrak{u}^P \in V^e} L[\mathfrak{u}^P]$
$P[\mathfrak{u}^P, \tilde{\lambda}]$	das diskrete optimale Steuerungsproblem $L[\mathfrak{u}^{oP}, \tilde{\lambda}] = \min_{\mathfrak{u}^P \in V_1^P} L[\mathfrak{u}^P, \tilde{\lambda}]$

R	$= \{x / r_i(x) = 0;\ r(x)$ **konvex,** $i \in \mathcal{L}\}$
$T_{i-1} u(0,i-1)$	$= \prod_{l=i-1}^{0} [\mathcal{E} + \mathcal{A}(l)]\, x(0) + \sum_{l=0}^{i-1} \left\{ \prod_{s=i-1}^{l+1} [\mathcal{E} + \mathcal{A}(s)]\, \mathcal{B}(l) u(l) \right\}$
V	$\subset E^r$, Steuerungsraum
V^P	$= V \times V \times \ldots \times V$, Produktraum
V_1	$\subset V$; konvexer Bereich
V_1^P	$= \{u^P / s_j(u(k)) \leqq 0,\ j = 1(1)m, k \in \mathcal{N}\} \subset E^{Nr}$
V_2^P	$= \{u^P / g(x(i)) \leqq 0;\ r_k(x(N)) = 0,$ für alle $i \in \mathcal{N}$, $k \in \mathcal{L}\}$
V^e	$= V_1^P \cap V_2^P$
$u(k)$	$\in E^r$; Steuerung im Zeitpunkt t_k
$u^{P'}$	$= (u'(0), u'(1), \ldots, u'(N-1)) \in E^{Nr}$
$\{u(k)\}_{k \in \mathcal{N}}$	Steuerfolge im Steuerungsraum V
u^P	$:= \{u(k)\}_{k \in \mathcal{N}}$; Steuerung
u_μ^{oP}	optimale Steuerung des Problems $P[\tilde{\lambda}_\mu]$; μ-optimale Steuerung
u_∞^P	optimale Grenzsteuerung
$w(x)$	Abstandsfunktion für X_1
X	$\subset E^n$; **Zustandsraum**
X_1	$= \{x / g(x) \leq 0\}$; konvexer Bereich
$x(k)$	$\in E^n$; Zustandsvektor im Zeitpunkt t_k
$\{x(k)\}_{k \in \mathcal{N}}$	Trajektorie im Zustandsraum
$\tilde{x}'(k)$	$= (x_o(k), x'(k))$ mit $x_o(k) = \sum_{i=o}^{k-1} \{z(x(i)) + h(u(i))\}$

$\Vert\mathfrak{x}\Vert$	$= \left\{ \sum_{k=1}^{n} \vert x_k\vert^2 \right\}^{1/2}$; Norm des Vektors $\mathfrak{x}$
$x_o[k, \mathfrak{w}^P, \lambda^o]$	$= \sum_{i=o}^{k-1} \left\{ z(\mathfrak{x}(i)) + h(\mathfrak{w}(i)) + \lambda^o w^2(\mathfrak{x}(i)) \right\}$
X_δ	Parallelmenge zu X_1
$\tilde{\mathfrak{Z}}_{\lambda^o}$	$= \{ \tilde{\mathfrak{x}}'(N) = (x_o[N, \mathfrak{w}^P, \lambda^o], \mathfrak{x}'(N))$; $\tilde{\mathfrak{x}}'(0) = (0, \mathfrak{x}'(0)), \mathfrak{w}^P \in V_1^P \}$; Menge der erreichbaren Punkte des Problems $P[\mathfrak{w}^P, \lambda^o]$
$\mathfrak{Z}_R$	unterer Rand von $\tilde{\mathfrak{Z}}_{\lambda^o}$
$\tilde{\mathfrak{Z}}$	orthogonale Projektion von $\mathfrak{Z}_{\lambda^o}$ auf die Hyperebene $x_o = 0$

I. Problemstellung und mathematische Beschreibung von diskreten optimalen Steuerungsproblemen

Im folgenden wird ein diskretes Steuerungsproblem betrachtet, dessen Zustand in jedem diskreten Zeitpunkt t_k des Zeitintervalles $t_o \leqq t_k \leqq t_N$, N fest, durch einen Zustandsvektor

$$\varphi'(t_k) = \varphi'(k) = (x_1(k), x_2(k),\ldots,x_n(k)), \quad k = 0(1)N \qquad (1.1)$$

$$\varphi(k) \in X \subset E^n \quad ^{*)}$$

dargestellt wird. X bezeichnet man als den <u>Zustandsraum</u> des Steuerungsproblems. Die Änderung des Systems werde durch die lineare Differenzengleichung

$$\varphi(k+1) = \varphi(k) + \mathfrak{A}(k)\,\varphi(k) + \mathfrak{B}(k)\,\mathfrak{v}(k), \qquad k \in \mathfrak{N} \qquad (1.2)$$

mit dem Anfangswert $\varphi(t_o) = \varphi(0) = \varphi_o$ (1.3)

beschrieben. Hierbei ist $\mathfrak{N} = \{0,1,2,\ldots,N-1\}$.
Den Vektor

$$\mathfrak{v}'(k) = (v_1(k),v_2(k),\ldots,v_r(k)), \quad k \in \mathfrak{N} \qquad (1.4)$$

mit

$$\mathfrak{v}(k) \in V \subset E^r$$

bezeichnet man als <u>Steuerung</u> des Systems zum Zeitpunkt t_k und V als den <u>Steuerungsraum</u>.

<u>Definition 1</u>:

Eine Folge $\{\mathfrak{v}(k)\}_{k \in \mathfrak{N}}$ von Vektoren $\mathfrak{v}(k) \in V$ heißt eine <u>Steuerfolge</u> und die zugehörige Folge $\{\varphi(k)\}_k$ im Zustandsraum die <u>Trajektorie</u> des Systems.

$\mathfrak{A}(k)$ und $\mathfrak{B}(k)$ seien Matrizen mit det $\mathfrak{A}(k) \neq 0$, det $\mathfrak{B}(k) \neq 0$ für alle $k \in \mathfrak{N}$.

<u>Bemerkung 1</u>:

Im folgenden werden auch die Bezeichnungen

$$\mathfrak{v}^P = (\mathfrak{v}'(0), \mathfrak{v}'(1),\ldots, \mathfrak{v}'(N-1))' \in V^P \subset E^{Nr} \qquad (1.5)$$

und

$$\varphi^P = (\varphi'(0), \varphi'(1),\ldots, \varphi'(N-1))' \in X^P \subset E^{nN} \qquad (1.6)$$

benutzt.

---

*) E^n bezeichnet den n-dimensionalen EUKLIDischen Raum.

Hierbei ist V^P der Raum

$$V^P = \{ \omega^P / \omega(0) \in V \wedge \omega(1) \in V \wedge \ldots \wedge \omega(N-1) \in V \}$$

$$= V \times V \times \ldots \times V .$$

Somit entspricht jeder Steuerfolge bzw. Trajektorie genau ein $\omega^P \in V^P$ bzw. $\varphi^P \in X^P$ und umgekehrt.

-----[1]

Es sei $g(\varphi) \in C^1$ und konvex, und X_1 der konvexe Bereich

$$X_1 = \{ \varphi / g(\varphi) \leq 0 \} \tag{1.7}$$

mit $X_1 \subset E^n$. Ferner sei eine Menge R mit $R \cap X_1 \neq \emptyset$ gegeben. R sei die (n-1) dimensionale glatte Mannigfaltigkeit

$$R = \{ \varphi / r_i(\varphi) = 0, \quad r_i(\varphi) \text{ konvex, für alle } i \in \mathcal{L},\ l = n-1 \} \tag{1.8}$$

wobei $r_i \in C^1$, und $\nabla_\varphi r_i(\varphi)$ linear unabhängig für alle φ sind.

Definition 2:

Es seien $V_k \subset E^r$, $k \in \mathcal{N}$, konvexe, kompakte Mengen und

$$V_1^P = \{ \omega^P / \omega(0) \in V_0 \wedge \omega(1) \in V_1 \wedge \ldots \wedge \omega(N-1) \in V_{N-1} \} \tag{1.9}$$

und

$$V_2^P = \{ \omega^P / g(\varphi(i)) \leq 0,\ i \in \mathcal{N} ;\ r_k(\varphi(N)) = 0,\ k \in \mathcal{L} \} . \tag{1.10}$$

Dann heißt eine Steuerfolge $\{\omega(k)\}_k$ im weiteren Sinne zulässig, wenn $\omega^P \in V_1^P$. Die Steuerfolge $\{\omega(k)\}_k$ heißt im engeren Sinn zulässig, wenn

$$\omega^P \in V^e = V_1^P \cap V_2^P \tag{1.11}$$

Im folgenden wird vorausgesetzt, daß V^e nicht leer ist.

Problemstellung:

Das zu lösende diskrete, optimale Steuerungsproblem lautet: Man bestimme bei gegebenem Anfangszustand $\varphi_0 \in X_1$ eine im engeren Sinne zulässige Steuerfolge $\{\omega(k)\}_k$ so, daß die Funktion

---

-----[1] deutet das Ende einer Bemerkung, eines Beweises etc. an

$$L[u^P] = \sum_{i=o}^{N-1} \{ z(x(i)) + h(u(i)) \} \qquad (1.12)$$

minimiert wird.

Die in der mathematischen Optimierung als <u>Zielfunktion</u> bekannte Funktion $L[u^P]$ bezeichnet man auch als Leistungsindex des Steuerungssystem.

Es seien $z(x), h(u) \in C^1$, ferner sei $z(x)$ konvex und $h(u)$ streng konvex. [1)]

Im folgenden wird kurz von dem Problem $P[u^P]$ gesprochen und damit das Problem

$$L[u^{oP}] = \min_{u^P \in V^e} L[u^P]$$

bezeichnet.

<u>Definition 3</u>:

Eine im engeren Sinn zulässige Steuerfolge $\{u^o(k)\}_k$ und die zugehörige Trajektorie $\{x^o(k)\}_k$ heißen <u>optimal</u> in Bezug auf die Zielfunktion (1.12), wenn

$$L[u^{oP}] = \min_{u^P \in V^e} L[u^P] .$$

Führt man durch

$$x_o(0) = 0$$

$$x_o(k) = \sum_{i=o}^{k-1} \{ z(x(i)) + h(u(i)) \} \qquad (1.13)$$

eine zusätzliche Koordinate ein, so ist

$$x_o(N) = L[u^P] , \qquad (1.14)$$

und jeder Zustand des Systems läßt sich durch den erweiterten Vektor

$$\tilde{x}(k) = \begin{pmatrix} x_o(k) \\ x(k) \end{pmatrix} \in E^{n+1}$$

beschreiben [2]. Die erste Komponente von $\tilde{x}(k)$ gibt dabei den Wert der Zielfunktion im Zeitpunkt t_k an.

---

1) Fordert man nicht die Eindeutigkeit der optimalen Steuerfolge, so reicht die Konvexität von $h(u)$ hin.

Mit Hilfe des Vektors

$$\tilde{f}(k) = \tilde{f}(\tilde{x}(k), u(k)) = \begin{pmatrix} f_0(k) \\ f(k) \end{pmatrix} = \begin{pmatrix} x_0(k) + z(x(k)) + h(u(k)) \\ x(k) + A(k)\, x(k) + B(k)\, u(k) \end{pmatrix} \tag{1.15}$$

erhält man aus (1.2) und (1.13)

$$\tilde{x}(k+1) = \tilde{f}(\tilde{x}(k), u(k)); \qquad k \in \mathcal{N} . \tag{1.16}$$

<u>Definition 4:</u>

$$\tilde{p}(k) = \tilde{F}'(x(k), u(k))\, \tilde{p}(k+1); \qquad k = N-1(1)0 \tag{1.17}$$

bezeichnet man als das zu (1.16) <u>adjungierte System</u>, und

$$\tilde{p}(k) = \begin{pmatrix} p_0(k) \\ p(k) \end{pmatrix} \in E^{n+1} \tag{1.18}$$

heißt der <u>Kozustandsvektor</u> des Steuerungsproblems.

Hierbei ist

$$\tilde{F}(k) = \tilde{F}(\tilde{x}(k), u(k)) = \left(\frac{\partial f_i(k)}{\partial x_j(k)} \right)_{ij} ; i, j = 0(1)n$$

eine $(n+1) \times (n+1)$-Matrix.

Beachtet man, daß

$$\frac{\partial f_i(k)}{\partial x_0(k)} = \begin{cases} 1 & \text{für } i=0 \\ 0 & \text{für } i \neq 0 , \end{cases}$$

so folgt

$$p_0(k) = p_0(k+1), \text{ d.h. } p_0(k) = \text{const. für alle } k. \tag{1.19}$$

Aus (1.17) folgt

$$p_i(k) = p_0(k+1) \frac{\partial f_0(k)}{\partial x_i(k)} + \sum_{l=1}^{n} \frac{\partial f_l(k)}{\partial x_i(k)} p_l(k+1).$$

Führt man nun die sogenannte HAMILTONfunktion

$$H(k+1) = (\tilde{p}(k+1), \tilde{f}(\tilde{x}(k), u(k))) \tag{1.20}$$

$$H(k+1) = p_0(k+1)\, f_0(\tilde{x}(k), u(k)) + \sum_{l=1}^{n} f_l(x(k), u(k)) p_l(k+1)$$

ein, so lautet das System der Zustandsgleichungen (1.16)

$$\tilde{x}(k+1) = \nabla_{\tilde{p}(k+1)} H(k+1) \tag{1.21}$$

bzw. das adjungierte System (1.17)

$$\tilde{p}(k) = \nabla_{\tilde{x}(k)} H(k+1) . \tag{1.22}$$

II. Ein Maximum-Prinzip für diskrete optimale Steuerungsprozesse

Bekanntlich liefert das Maximum-Prinzip von PONTRYAGIN notwendige Bedingungen für die Optimalität kontinuierlicher, optimaler Steuerungsprobleme. In diesem Kapitel werden notwendige und hinreichende Bedingungen für das in Kapitel (I) formulierte diskrete Problem angegeben und bewiesen. Dabei wird sich herausstellen, daß die gemachten konvexen Voraussetzungen entscheidend sind für die Theorie diskreter Steuerungsprobleme.

<u>Satz 1</u>:

Es existiere eine im engeren Sinn zulässige Steuerfolge $\{u^0(k)\}_k$ Diese Steuerfolge und die zugehörige Trajektorie $\{x^0(k)\}_{k=0(1)N}$ sind genau dann optimal bezüglich der Zielfunktion (1.12), wenn Vektoren $\tilde{p}(k) \in E^{n+1}$, $\varrho \in E^1$ und Skalare $\sigma(x^0(k))$ für alle $k = 0(1)N$ so existieren, daß die folgenden Bedingungen (2.1) bis (2.5) erfüllt sind:

$$p_0(k) = \text{const.} < 0 \tag{2.1}$$

$$p(k) - [\mathcal{E} + \mathfrak{A}'(k)]p(k+1) - p_0\, \nabla_x z(x^0(k)) = p_0 \sigma(x^0(k))\, \nabla_x g(x^0(k)) \tag{2.2}$$

$$k = N-1(1)0$$

$$p(N) = p_0 \sum_{i=1}^{l} \varrho_i\, \nabla_x r_i(x^0(N)) \tag{2.3}$$

$$\sigma(x^0(k)) \begin{cases} \geqq 0\ , & \text{wenn } g(x^0(k)) = 0 \\ = 0\ , & \text{wenn } g(x^0(k)) < 0 \end{cases} \tag{2.4}$$

und

$$H(\tilde{p}(k), x^0(k-1), u^0(k-1)) = \max_{u(k-1) \in V_{k-1}} H(\tilde{p}(k), x^0(k-1), u(k-1)). \tag{2.5}$$

Für das vorliegende Steuerproblem ist diese Maximumbedingung identisch mit

$$p_0 h(u^0(k-1)) + (p(k), \mathfrak{B}(k-1)u^0(k-1)) = \max_{u(k-1) \in V_{k-1}} \{ p_0 h(u(k-1)) + (p(k), \mathfrak{B}(k-1)u(k-1)) \}; \quad k = 1(1)N. \tag{2.6}$$

Es sei x ein Punkt der glatten (n-1) dimensionalen Mannigfaltigkeit R und T_i die Tangentialhyperebenen der Hyperflächen $r_i(x) = 0$ im Punkt x. Der Durchschnitt dieser Hyperebenen T_i, $i \in \mathcal{L}$, ist eine (n-1) dimensionale Ebene, die sogenannte Tangentialhyperebene der Mannigfaltigkeit R im Punkt x. Ein von x ausgehender Vektor liegt genau dann in dieser Tangentialhyperebene, wenn er zu allen Vektoren $\nabla_x r_i(x)$, $i \in \mathcal{L}$, orthogonal ist.

Eine im engeren Sinn zulässige Steuerfolge überführt den Zustand $x(0) \in X_1$ in einen Zustand $x(N) \in R$. Man spricht deshalb auch von einem optimalen Steuerungsproblem mit beweglichem Endpunkt. Entartet die Mannigfaltigkeit in einen Punkt, so liegt ein Steuerungsproblem mit festem Endpunkt vor.

Die Randbedingung (2.3) des adjungierten Systems (2.2) ist identisch mit

$$(p(N), \zeta) = 0,$$

wobei ζ ein beliebiger Vektor der Tangentialhyperebene im Punkt $x^o(N) \in R$ ist. (2.3) bezeichnet man als die Transversalitätsbedingung des optimalen Steuerungsproblems.

Bemerkung 1:

Sind für den Zustandsvektor $x(N)$ etwa nur die ersten s Komponenten (s < n) vorgeschrieben, so wird aus (1.8)

$$R = \{ x(N) \;/\; x_i(N) = x_{iN} \;;\; i = 1(1)s < n \} \qquad (2.7)$$

Es sei $\mathfrak{M} = \{1,2,\ldots,n\}$ und $\mathfrak{T} \subset \mathfrak{M}$. Dann gilt:
Hat die Zielbedingung die Form

$$x_i(N) = x_{iN}, \quad i \in \mathfrak{T}$$

und sind die restlichen Komponenten von $x(N)$ keinen Restriktionen unterworfen, so lauten die Transversalitätsbedingungen

$$p_i(N) = 0 \;; \quad i \in \mathfrak{M} - \mathfrak{T} \qquad (2.8)$$

Liegt für $x(N)$ eine der Bedingung (1.7) entsprechende Einschränkung vor, d.h. es sei $x(N) \in S$ mit

$$S = \{ x / \; s(x) \leq 0, \;\; s(x) \text{ konvex} \} ,$$

dann erhalten die Transversalitätsbedingungen (2.3) die Form

$$p(N) = p_0 \;\; \tau(x^o(N)) \;\; \nabla_x s(x^o(N)),$$

wobei

$$\tau(\varphi^o(N)) \begin{cases} \geq 0 & \text{für} \quad s(\varphi^o(N)) = 0 \\ = 0 & \text{für} \quad s(\varphi^o(N)) < 0 \end{cases}$$

ist. Der Beweis hierfür verläuft analog zu dem für die rechte Seite von (2.2) [vgl. (IV.3) Satz 7]. Ist $s(\varphi^o(N)) < 0$, d.h. der Endzustand der optimalen Trajektiorie liegt im Innern von S, dann gilt $\rho(N) = 0$.
Dieser Fall ist somit identisch mit einem Steuerungsproblem mit freiem rechten Endzustand.

Das adjungierte System (2.2) ist nur für eine bestimmte, fest vorgegebene Steuerfolge $\{u(k)\}_k$ und einen Anfangszustand $\varphi(0)$ definiert. Aus diesem Grunde ist es sinnvoll,von diesem System nur im Zusammenhang mit einer festen Steuerfolge zu sprechen.
In diesem Fall liegt ein lineares System mit variablen Koeffizienten vor. Ferner beachte man,daß die Zeitpunkte t_k bei Lösung des adjungierten Systems für eine vorgegebene Transversalitätsbedingung im umgekehrten Sinn aufeinander folgen.

Für beliebige, aber feste Vektoren $\tilde{\rho}(k)$, $\varphi(k-1)$ ist die HAMILTONfunktion H(k) eine konkave Funktion der Steuerung $u(k-1)$ für alle k. Ferner ist nach Voraussetzung H(k) bzgl. $u(k-1)$ differenzierbar und nimmt, da V_{k-1} kompakt ist, das Maximum bzgl. $u(k-1)$ an. Das Maximum Prinzip erlaubt, ein System von Differenzengleichungen aufzustellen, dessen Lösung die optimale Trajektorie des Steuerungsproblems ist.
Man erhält nämlich aus (2.5) bzw. (2.6) die Steuerungen $u(k-1)$ als Funktion der Variablen $\varphi(k-1)$ und $\rho(k)$

$$u^o(k-1) = \varphi_{k-1}(\varphi^o(k-1), \rho(k)) \quad k = 1(1)N.$$

Setzt man diese Ausdrücke in (1.2) ein, so erhält man zusammen mit (2.2) ein System von 2n Differenzengleichungen. Sind alle End- und Anfangsbedingungen der Zustandsgrößen bekannt, so kann das gekoppelte System (1.2), (2.2) gelöst werden, und man erhält die optimale Trajektorie des Problems und mit $u^o(k-1) = \varphi_{k-1}(\varphi^o(k-1), \rho(k))$ schließlich die gesuchte optimale Steuerfolge. Die Randbedingungen sind jedoch nur zu einem Teil bekannt. Hierin liegt die Schwierigkeit bzgl. der Anwendbarkeit des Maximum Prinzips.

Der große Vorteil des Maximum Prinzips für kontinuierliche Steuerungsprobleme besteht darin, daß in diesem Fall die Steuerung, die für den Extremwert der HAMILTONfunktion erwartet wird, aus den Bedingungen für ein globales Maximum gefunden wird. Ohne die zusätzlichen Forderungen der Konvexität gäbe es kein entsprechendes Maximum Prinzip für diskrete Probleme. In diesem Fall nimmt die HAMILTONfunktion für die optimale Steuerung einen stationären Wert oder ein lokales Maximum an.

<u>Bemerkung 2:</u>

Die HAMILTONfunktion

$$H(\tilde{\mathfrak{p}}(k), \mathfrak{x}^{o}(k-1), \mathfrak{u}^{o}(k-1)) = p_{o}[x_{o}(k-1)+z(\mathfrak{x}^{o}(k-1)+h(\mathfrak{u}^{o}(k-1))]+$$
$$+(\mathfrak{p}(k), \mathfrak{x}(k-1)+\mathfrak{A}(k-1)\,\mathfrak{x}(k-1) + \mathfrak{B}(k-1)\,\mathfrak{u}(k-1))$$

ist eine homogene Funktion in den Veränderlichen $p_{o}, p_{1}, \ldots, p_{N}$. Aus diesem Grund kann $\tilde{\mathfrak{p}}(k)$ so normiert werden, daß $p_{o} = -1$.

III. Beweis dafür, daß das Maximum-Prinzip hinreichend für optimale Steuerungen ist

Zunächst wird bewiesen, daß die Bedingungen (2.1) bis (2.6) hinreichend sind für die Optimalität einer im engeren Sinn zulässigen Steuerfolge.

Es sei $\{\mathfrak{u}(k)\}_k$ eine im engeren Sinn zulässige Steuerfolge und $\{\mathfrak{y}(k)\}_k$ die zugehörige Trajektorie.
Dann gilt

$$L[\mathfrak{u}^P] - L[\mathfrak{u}^{oP}] = \sum_{i=o}^{N-1} \{z(\mathfrak{y}(i)) - z(\mathfrak{x}^o(i)) + h(\mathfrak{u}(i)) - h(\mathfrak{u}^o(i))\}.$$

Da $z(\mathfrak{x})$ nach Voraussetzung für alle $\mathfrak{x}(i)$ konvex ist, d.h.

$$z(\mathfrak{x}^o(i)) - z(\mathfrak{y}(i)) + (\nabla_{\mathfrak{x}} z(\mathfrak{x}^o(i)), \mathfrak{y}(i) - \mathfrak{x}^o(i)) \leqq 0,$$

erhält man

$$L[\mathfrak{u}^P] - L[\mathfrak{u}^{oP}] \geqq \sum_{i=o}^{N-1} \{(\nabla_{\mathfrak{x}} z(\mathfrak{x}^o(i)), \mathfrak{y}(i) - \mathfrak{x}^o(i)) + h(\mathfrak{u}(i)) - h(\mathfrak{u}^o(i))\}.$$

Berücksichtigt man (2.6), so folgt aus (2.2) und (2.5)

$$\begin{aligned}
L[\mathfrak{u}^P] - L[\mathfrak{u}^{oP}] &\geqq \\
&\geqq \sum_{i=o}^{N-1} \{(\mathfrak{y}(i) - \mathfrak{x}^o(i), [\mathfrak{E} + \mathfrak{A}'(i)]\mathfrak{p}(i+1) - \mathfrak{p}(i) - \sigma(\mathfrak{x}^o(i))\nabla_{\mathfrak{x}}\, g(\mathfrak{x}^o(i))) \\
&\qquad + (\mathfrak{p}(i+1), \mathfrak{B}(i)\mathfrak{u}(i) - \mathfrak{B}(i)\mathfrak{u}^o(i))\} \\
&\geqq \sum_{i=o}^{N-1} \{(\mathfrak{p}(i+1), [\mathfrak{E} + \mathfrak{A}(i)]\mathfrak{y}(i) + \mathfrak{B}(i)\mathfrak{u}(i)) - (\mathfrak{p}(i), \mathfrak{y}(i) - \mathfrak{x}^o(i)) + \\
&\qquad + (\mathfrak{p}(i+1), -[\mathfrak{E} + \mathfrak{A}(i)]\mathfrak{x}^o(i) - \mathfrak{B}(i)\mathfrak{u}^o(i)) - \\
&\qquad - \sigma(\mathfrak{x}^o(i))(\nabla_{\mathfrak{x}} g(\mathfrak{x}^o(i)), \mathfrak{y}(i) - \mathfrak{x}^o(i))\} \\
&\geqq \sum_{i=o}^{N-1} \{(\mathfrak{p}(i+1), \mathfrak{y}(i+1) - \mathfrak{x}^o(i+1)) - (\mathfrak{p}(i), \mathfrak{y}(i) - \mathfrak{x}^o(i)) \\
&\qquad - \sigma(\mathfrak{x}^o(i))(\nabla g(\mathfrak{x}^o(i)), \mathfrak{y}(i) - \mathfrak{x}^o(i))\}.
\end{aligned}$$

Wegen $\mathfrak{y}(0) = \mathfrak{x}(0)$ ergibt sich hieraus weiter

$$L[\mathfrak{u}^P] - L[\mathfrak{u}^{oP}] \geqq (\mathfrak{p}(N), \mathfrak{y}(N) - \mathfrak{x}^o(N)) - \sum_{i=o}^{N-1} \sigma(\mathfrak{x}^o(i))(\nabla g(\mathfrak{x}^o(i)), \mathfrak{y}(i) - \mathfrak{x}^o(i)).$$

Da $g(\varphi)$ eine konvexe Funktion ist, gilt

$$L[w^P] - L[w^{oP}] \geq (p(N), \eta(N) - \varphi^o(N)) + \sum_{i=o}^{N-1} \sigma(\varphi^o(i))(g(\varphi^o(i)) - g(\eta(i))) .$$

Da ferner $\{w(i)\}_i$ nach Voraussetzung eine im engeren Sinn zulässige Steuerfolge ist, gilt für die zugehörige Trajektorie

$$g(\eta(i)) \leqq 0 \quad \text{für } i = 0(1)N$$

und wegen (2.4) folgt sofort

$$\sigma(\varphi^o(i))\, g(\varphi^o(i)) = 0 \text{ bzw.}$$

$$\sigma(\varphi^o(i))\, g(\eta(i)) \leqq 0 \text{ für alle } i .$$

Somit ist

$$\begin{aligned} L[w^P] - L[w^{oP}] &\geq (p(N), \eta(N) - \varphi^o(N)) \\ &\geq -\left(\sum_{i=1}^{l} \varrho_i \nabla_\varphi r_i(\varphi^o(N)), \eta(N) - \varphi^o(N)\right) \\ &\geq \sum_{i=1}^{l} \varrho_i \{ r_i(\varphi^o(N)) - r_i(\eta(N)) \} \end{aligned}$$

Da $r_i(\varphi^o(N)) = r_i(\eta(N)) = 0$ für $i \in \mathcal{L}$ nach Voraussetzung, erhält man

$$L[w^P] \geq L[w^{oP}] . \qquad \text{(q.e.d.)}$$

IV. Beweis für die Notwendigkeit des Maximum-Prinzips für die Optimalität einer Steuerfolge

Da sich dieser Beweis über mehrere Abschnitte erstreckt, wird der Beweisgang kurz skizziert.
Zunächst wird die Methode der Straffunktionen eingeführt und einige ihrer Eigenschaften nachgewiesen. Insbesondere sind für das vorliegende Problem die Lösungen nach dieser Näherungsmethode eindeutig. Wendet man ein Approximationstheorem (siehe (IV.2)) auf die mit Hilfe von Straffunktionen modifizierte Zielfunktion des Ausgangsproblems an, so liefert dies eine Lösung des ursprünglichen Steuerungproblems (die sog. optimale Grenzsteuerfolge). Formuliert man nun für die Folge von Näherungsprobleme ein Maximum-Prinzip (siehe (IV.3) Satz 4), so wird bewiesen, daß die notwendigen Bedingungen gegen die des ursprünglichen Problems konvergieren und von der optimalen Grenzsteuerfolge erfüllt werden.

IV. 1 Die Methode der Straffunktionen

Zum Beweis, daß die Bedingungen (2.1)-(2.5) notwendig für eine optimale Steuerfolge sind, wird anstatt des vorliegenden Steuerungsproblems das folgende Näherungsproblem $P[\tilde{\lambda}]$ betrachtet:
Man bestimme eine im weiteren Sinne zulässige Steuerfolge $\{u(k)\}_k$ so, daß die Zielfunktion

$$L[u^P, \tilde{\lambda}] = \sum_{k=1}^{l} \lambda^k d_k^2(x(N)) + \sum_{k=0}^{N-1} \{z(x(k))+h(u(k))+\lambda^0 w^2(x(k))\} \tag{4.1}$$

ein Minimum annimmt.

Die Zielfunktion (4.1) ist eine gewichtete Zielfunktion, wobei die Komponenten des Vektors

$$\tilde{\lambda}' = (\lambda^0, \lambda') \in E^{l+1}, \quad \lambda^k > 0, \quad k = 0(1)l \tag{4.2}$$

die <u>Gewichtskoeffizienten</u> und die nichtnegativen Funktionen $w(x)$ und $d_k(x)$, $k \in \mathcal{L}$, die Gewichtsfunktionen, oder auch <u>Straffunktionen</u>, heißen. Die Straffunktionen $w(x)$, $d_k(x)$ berücksichtigen die Restriktionen (1.10) bzgl. der Zustandsvariablen $x(i)$, $i = 0(1)N$.
Man bezeichnet diese Näherungsmethode zur Lösung von Optimierungsaufgaben mit Restriktionen als "<u>**die Methode der**</u>

Straffunktionen". Die Straffunktionen sind folgendermaßen zu wählen:

$$w(\varphi) \begin{cases} > 0, & \text{für} \quad \varphi \notin X_1 \\ = 0, & \text{für} \quad \varphi \in X_1 \end{cases} \tag{4.3}$$

und

$$d_k(\varphi) \begin{cases} > 0, & \text{für } r_k(\varphi) \neq 0 \\ = 0, & \text{für } r_k(\varphi) = 0 \end{cases} \tag{4.4}$$

für alle $k \in \mathcal{L}$.

Der Wert der Straffunktionen kann als ein Maß dafür angesehen werden, wie stark die Nebenbedingungen bzgl. der Zustandsvariablen verletzt werden, oder anders ausgedrückt, wie weit eine im weiteren Sinn zulässige Steuerfolge von einer im engeren Sinn zulässigen abweicht. Je größer diese Abweichung ist, eine umso größere Strafe muß "bezahlt" werden.

Es wird zunächst gezeigt, daß für das "gewichtete" Problem $P[\tilde{\lambda}]$ eine optimale Steuerfolge $\{\omega^{o}(k)\}_k$ existiert, und daß unter bestimmten Voraussetzungen keine weiteren Restriktionen bzgl. der Zustandsvariablen beachtet werden müssen. Stellt man für das Problem $P[\tilde{\lambda}]$ das zugehörige adjungierte System und ein entsprechendes Maximum-Prinzip auf, so konvergieren die zugehörigen Kozustandsvektoren und die Folge $\{H_\mu(k)\}$ der Werte der HAMILTON-Funktionen gegen die notwendigen Bedingungen des Satz 1.

Definition 5:

Ist A eine nichtleere Menge des E^n und $\varphi \in E^n$, dann wird der Abstand des Punktes φ von A durch

$$f(\varphi) = \inf_{\alpha \in A} \|\varphi - \alpha\|$$

erklärt.

X_1 ist eine abgeschlossene, konvexe Menge. Dann liegt jeder Punkt φ auf genau einer nach außen weisenden Normalen $\mathscr{n}(\varphi_R)$ von X_1.

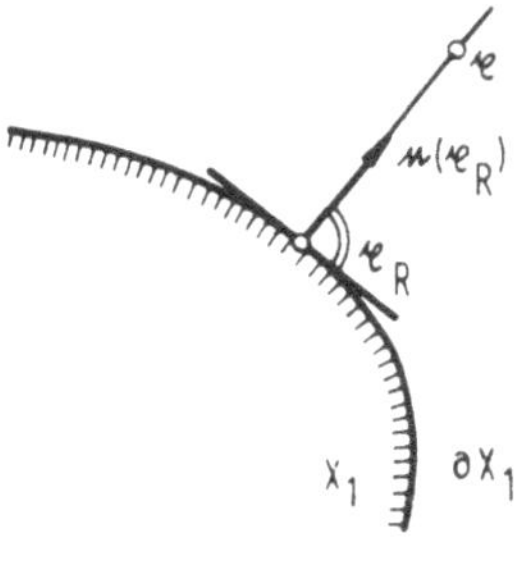

Abb. 1

Es sei $(\mathfrak{n},\mathfrak{n}) = 1$, und $\mathfrak{x}_R$ der Randpunkt von X_1, der auf der durch $\mathfrak{x}$ verlaufenden Normalen $\mathfrak{n}$ liegt. Die Normale $\mathfrak{n}(\mathfrak{x}_R)$ kann somit durch die Normale $\mathfrak{n}(\mathfrak{x})$ ersetzt werden. Damit kann man als Straffunktion (4.3) die Abstandsfunktion wählen:

$$w(\mathfrak{x}) = \begin{cases} (\mathfrak{n}(\mathfrak{x}), \mathfrak{x} - \mathfrak{x}_R), & \text{wenn } \mathfrak{x} \notin X_1 \\ 0 & \text{, wenn } \mathfrak{x} \in X_1 \end{cases} \tag{4.5}$$

Definiert man

$$M_i = \{\mathfrak{x} \,/\, r_i(\mathfrak{x}) = 0\} \quad ; \quad i = 1(1)l ,$$

so ist

$$R = \bigcup_{i=1}^{l} M_i \quad ,$$

und als Straffunktion für M_i dient

$$d_i(\mathfrak{x}) = \inf_{\mathfrak{m} \in M_i} \|\mathfrak{x} - \mathfrak{m}\| , \qquad i = 1(1)l \tag{4.6}$$

$r_i(\mathfrak{x}) \in C^1$, $i \in \mathcal{L}$, ist nach Voraussetzung konvex.

Dann existiert in jedem Punkt $\mathfrak{y}$ mit $r_i(\mathfrak{y})=0$ eine Stützhyperebene S: $(\mathfrak{b}_i(\mathfrak{y}), \mathfrak{x}-\mathfrak{y}) = 0$ an die Menge $M_i = \{\mathfrak{x} \,/\, r_i(\mathfrak{x}) \leq 0,$ $i \in \mathcal{L}\}$, die den Raum E^n in zwei Halbräume teilt. Die Normalen $\mathfrak{b}_i$ seien so orientiert, daß sie in den Halbraum weisen, in dem die Mengen M_i nicht liegen. Ferner sei $(\mathfrak{b}_i, \mathfrak{b}_i) = 1$ für alle $i \in \mathcal{L}$.

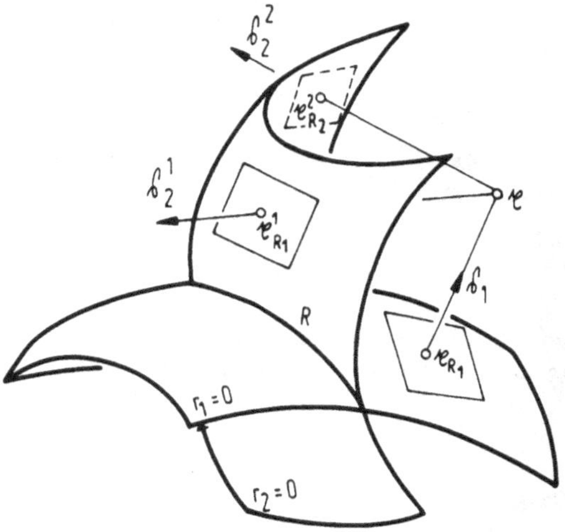

Abb. 2

<u>Bemerkung:</u>

Man beachte, daß für gewisse $\mathfrak{x}$ mit $r_i(\mathfrak{x}) < 0$ nicht notwendig genau eine Normale existiert, die $\mathfrak{x}$ enthält. Aus diesem Grunde ist zunächst eine Darstellung der Straffunktion $d_i(\mathfrak{x})$ in der Form (4.5) nicht möglich [vgl. aber Kap. IV.3].

<u>Lemma 1:</u>

$$w(\varphi) \text{ ist konvex .}$$

<u>Beweis:</u>

Es seien $\varphi_1, \varphi_2 \notin X_1$ und $\varphi_{R_1}, \varphi_{R_2}$ die Randpunkte von X_1, die auf den entsprechenden Normalen durch φ_1, φ_2 liegen.

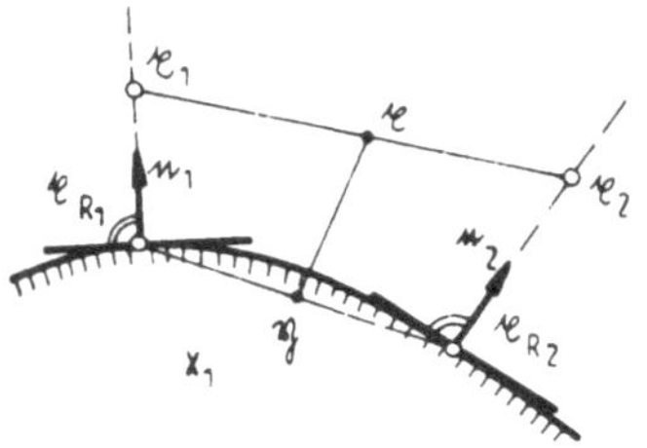

Dann ist $w(\varphi_i) = (n(\varphi_i), \varphi_i - \varphi_{R_i}) = \| \varphi_i - \varphi_{R_i} \|$.

Ist $\varphi = \alpha_1 \varphi_1 + \alpha_2 \varphi_2$, $\alpha_i \geqq 0$, $\alpha_1 + \alpha_2 = 1$, dann gilt $\eta = \alpha_1 \varphi_{R_1} + \alpha_2 \varphi_{R_2} \in X_1$, da X_1 konvex, Man erhält somit

$$\| \varphi - \eta \| = \| \alpha_1 (\varphi_1 - \varphi_{R_1}) + \alpha_2 (\varphi_2 - \varphi_{R_2}) \| \leqq \alpha_1 \| \varphi_1 - \varphi_{R_1} \| + \alpha_2 \| \varphi_2 - \varphi_{R_2} \|$$

$$\leqq \alpha_1 w(\varphi_1) + \alpha_2 w(\varphi_2) .$$

Folglich ist

$$w(\varphi) = w(\alpha_1 \varphi_1 + \alpha_2 \varphi_2) \leqq \| \varphi - \eta \| \leqq \alpha_1 w(\varphi_1) + \alpha_2 w(\varphi_2)$$ (q.e.d.)

Entsprechend zu (1.13) wird die neue Koordinate

$$x_0[k, u(0,k-1), \lambda^0] = \sum_{i=0}^{k-1} \{ z(\varphi(i)) + h(u(i)) + \lambda^0 w^2(\varphi(i)) \} , \quad (4.7)$$

und der Vektor $\tilde{\varphi}'(k) = (x_0(k, u(0,k-1), \lambda^0), \varphi'(k))$ eingeführt.

Hierbei bedeutet

$$u(0,k-1) = \{ u(i) \}_{i=0(1)k-1} \quad (4.8)$$

und es gilt

$$\tilde{\varphi}'(0) = (0, \varphi'(0)) . \quad (4.9)$$

<u>Definition 6</u>:

Man betrachte das optimale Steuerungsproblem

$$x_0[N, u^{oP}, \lambda^0] = \min_{u^P \in V_1^P} x_0[N, u^P, \lambda^0]. \quad (4.10)$$

Dann bezeichnet man die Menge

$$\tilde{\mathfrak{Z}}_{\lambda^o} = \{ \tilde{\varphi}' = (x_o[N, w^P, \lambda^o], \varphi'(N)) / \tilde{\varphi}'(0) = (0, \varphi'(0)), w^P \in V_1{}^P \} \quad (4.11)$$

als die Menge der erreichbaren Punkte dieses Problems. (vgl. [5])

Lemma 2:

Die Menge der erreichbaren Punkte $\tilde{\mathfrak{Z}}_{\lambda^o}$ ist kompakt.

Beweis:

Da die Funktionen $z(\varphi)$, $h(w)$ und $w(\varphi)$ stetig sind, ist

$$x_o[N, w^P, \lambda^o] = \sum_{i=o}^{N-1} \{ z(\varphi(i)) + h(w(i)) + \lambda^o w^2(\varphi(i)) \}$$

stetig in $\varphi(i)$, und jedes $\varphi(i)$ ist wegen

$$\varphi(i) = \prod_{l=i-1}^{o} \left[\mathfrak{E} + \mathfrak{A}(l) \right] \varphi_o + \sum_{l=o}^{i-1} \left\{ \prod_{s=i-1}^{l+1} \left[\mathfrak{E} + \mathfrak{A}(s) \right] \mathfrak{B}(l) w(l) \right\} \qquad i = 1(1)N \quad (4.12)$$

mit

$$\prod_{s=k}^{k+1} \left[\mathfrak{E} + \mathfrak{A}(s) \right] \overset{def}{=} \mathfrak{E} ; \quad \prod_{s=k}^{m} \left[\mathfrak{E} + \mathfrak{A}(s) \right] \overset{def.}{=} 0 \text{ für alle } m > k+1 \quad (4.13)$$

stetig in $w(i)$ für alle i. Somit ist

$\tilde{\varphi}'(N) = (x_o[N, w^P, \lambda^o], \varphi'(N))$ stetig für alle $w(i)$.

$\tilde{\mathfrak{Z}}_{\lambda^o}$ ist das stetige Bild der kompakten Menge $V_1{}^P$ und somit ebenfalls kompakt. (q.e.d.)

Definition 7:

Es sei

$$\tilde{\mathfrak{Z}}_R = \{ \tilde{\varphi}' = (x_o, \varphi') / \varphi \in \mathfrak{Z}, \ x_o = \inf_{(y_o, \varphi) \in \tilde{\mathfrak{Z}}_{\lambda^o}} \{ y_o \} \}$$

der untere Rand von $\tilde{\mathfrak{Z}}_{\lambda^o} \subset E^{n+1}$ bzgl. der x_o - Achse. Hierbei bedeutet $\mathfrak{Z}$ die orthogonale Projektion von $\tilde{\mathfrak{Z}}_{\lambda^o}$ auf die Hyperebene $x_o = 0$.

Lemma 3:

$\tilde{\mathcal{Z}}_R$ ist streng konvex.*)

Beweis:

$\tilde{\varphi}_1, \tilde{\varphi}_2$ seien zwei Punkte aus $\tilde{\mathcal{Z}}_R$ und $\{w_1(k)\}_k, \{w_2(k)\}_k$ die zugehörigen Steuerfolgen. Da V_{k-1}, $k \in \mathfrak{N}$, konvex ist, ist die Steuerfolge

$$\{w_\alpha(k)\}_k = \{\alpha w_1(k) + (1-\alpha) w_2(k)\}, \quad 0 \leqq \alpha \leqq 1$$

im weiteren Sinn zulässig und für den zugehörigen Endzustand $\tilde{\varphi}_\alpha(N)$ gilt: $\tilde{\varphi}_\alpha(N) \in \mathcal{Z}_{\lambda^o}$.

Ferner ist -

$$\varphi_\alpha(N) = \alpha \left\{ \sum_{l=N-1}^{o} \left[\mathcal{E} + \mathfrak{A}(l)\right]\varphi_o + \sum_{l=o}^{N-1} \left\{ \prod_{s=N-1}^{l+1} \left[\mathcal{E} + \mathfrak{A}(s)\right] \mathfrak{B}(l) w_1(l) \right\}\right\} +$$

$$+(1-\alpha)\left\{ \prod_{l=N-1}^{o} \left[\mathcal{E} + \mathfrak{A}(l)\right] \varphi_o + \sum_{l=o}^{N-1} \left\{ \prod_{s=N-1}^{l+1} \left[\mathcal{E} + \mathfrak{A}(s)\right] \mathfrak{B}(l) w_2(l) \right\}\right\},$$

d.h. $$\varphi_\alpha(N) = \alpha \varphi_1(N) + (1-\alpha)\varphi_2(N) = \mathfrak{y}.$$

Entsprechend gilt für die erste Komponente des Vektors

$$\tilde{\varphi}'_\alpha(N) = (x_{o_\alpha}[N, w^P_\alpha, \lambda^o], \varphi'_\alpha),$$

$$x_{o_\alpha}[N, w^P_\alpha, \lambda^o] = \sum_{i=o}^{N-1} \{ z(\alpha\varphi_1(i) + (1-\alpha)\varphi_2(i)) + h(\alpha w_1(i) + (1-\alpha) w_2(i))$$

$$+ \lambda^o w^2(\alpha\varphi_1(i) + (1-\alpha)\varphi_2(i))\}.$$

Da $z(\varphi)$, $w(\varphi) \geqq 0$ [vgl. Lemma 1] konvex, $h(w)$ nach Voraussetzung streng konvex und das Quadrat einer nichtnegativen konvexen Funktion wieder konvex ist, gilt

$$x_{o_\alpha} < \sum_i \{ \alpha[z(\varphi_1(i)) + h(w_1(i)) + \lambda^o w^2(\varphi_1(i))] + (1-\alpha)[z(\varphi_2(i)) +$$

$$+ h(w_2(i)) + \lambda^o w^2(\varphi_2(i))]\}$$

und weiter

$$x_{o_\alpha}[N, w^P_\alpha, \lambda^o] < \alpha\, x_o[N, w^P_1, \lambda^o] + (1-\alpha) x_o[N, w^P_2, \lambda^o] = y_o .$$

---

*) Eine Menge M heißt streng konvex, wenn jede Stützhyperebene von M genau einen Punkt mit M gemeinsam hat.

Damit existiert zu jedem Punkt auf der **Verbindungsgerade** $\alpha\tilde{\varphi}_1+(1-\alpha)\tilde{\varphi}_2 = \tilde{\eta} = (y_0,\tilde{\eta})' \in \tilde{\mathfrak{X}}_{\lambda^0}$ ein Punkt $\tilde{\varphi}_\alpha(N) = (x_{0_\alpha},\varphi_\alpha)$ mit $x_{0_\alpha} < y_0$, $\varphi_\alpha = \eta$. Damit ist $\tilde{\mathfrak{X}}_{\lambda^0}$ streng konvex. (q.e.d.)

<u>Satz 2</u>:

Sei V_1^P nicht leer. Dann existiert genau eine optimale Steuerfolge $\{\omega^0(k)\}_k$ des Problems $P[\tilde{\lambda}]$, d.h. es gibt ein ω^{0P} so, daß

$$L[\omega^{0P},\tilde{\lambda}] = \min_{\omega^P \in V_1^P} L[\omega^P,\tilde{\lambda}] \tag{4.14}$$

mit $\tilde{\lambda} \in E^{l+1}$ beliebig, aber fest.

<u>Beweis</u>:

$L[\omega^P,\tilde{\lambda}]$ ist stetig und beschränkt. Ferner ist nach Lemma 2 die Menge der erreichbaren Punkte $\tilde{\mathfrak{X}}_{\lambda^0}$ kompakt. Da jede im weiteren Sinne zulässige Steuerfolge einen Punkt $\tilde{\varphi}(N) \in \tilde{\mathfrak{X}}_{\lambda^0}$ liefert, muß noch gezeigt werden, daß die Funktion $L[\omega^P,\tilde{\lambda}]$ ihr Minimum in $\tilde{\mathfrak{X}}_{\lambda^0}$ annimmt. Nach (4.6) ist

$$\sum_{i=1}^{l} \lambda^i d_i^2(\varphi(N)) \geqq 0$$

und somit gilt

$$\lim_{x_0\to\infty} \left\{ \sum_{i=1}^{l} \lambda^i d_i^2(\varphi(N)) + x_0 \right\} = +\infty .$$

Es existiert daher eine Konstante k so, daß $L[\omega^P,\tilde{\lambda}]$ das Minimum in der kompakten Menge

$$\tilde{\mathfrak{X}}_{\lambda^0} \cap \{ \tilde{\varphi}(N) \,/\, \varphi \in \mathfrak{X},\ x_0 \leqq k \}$$

annimmt. Da ferner $L[\omega^P,\tilde{\lambda}]$ streng monoton wachsend in x_0 ist, wird das Minimum auf dem unteren Rand $\tilde{\mathfrak{X}}_R \subset \tilde{\mathfrak{X}}_{\lambda^0}$ erreicht.

Es sei $\{\omega^0_{\tilde{\lambda}}(i)\}_i$ die optimale Steuerfolge des Problems $P[\tilde{\lambda}]$ und $\{\varphi^0_{\tilde{\lambda}}(i)\}_i$ die zugehörige optimale Trajektorie mit $\tilde{\varphi}^0_{\tilde{\lambda}}(N) \in \tilde{\mathfrak{X}}_R$. Angenommen, es existiere eine weitere optimale Steuerfolge $\{\bar{\omega}^0_{\tilde{\lambda}}(i)\}_i$ mit $\tilde{\bar{\varphi}}^0_{\tilde{\lambda}}(N) = \tilde{\varphi}^0_{\tilde{\lambda}}(N) \in \tilde{\mathfrak{X}}_R$, so kann man zeigen, daß $\bar{\omega}^0_{\tilde{\lambda}}(i) = \omega^0_{\tilde{\lambda}}(i)$, $i \in \mathcal{N}$. Denn: $\{\omega^0_{\tilde{\lambda}}(i)\}_i$ und $\{\bar{\omega}^0_{\tilde{\lambda}}(i)\}_i$ müssen das Maximum Prinzip [2] erfüllen, d.h.

$$p_o\, h(\bar{\omega}^o_{\tilde\lambda}(i)) + (\varphi(i+1), \mathcal{B}(i)\bar{\omega}^o_{\tilde\lambda}(i)) =$$

$$= p_o\, h(\omega^o_{\tilde\lambda}(i)) + (\varphi(i+1), \mathcal{B}(i)\omega^o_{\tilde\lambda}(i))$$

$$= \max_{\omega(i)\in V_1} \{p_o\, h(\omega(i)) + (\varphi(i+1), \mathcal{B}(i)\omega(i))\} \quad \text{für alle } i \in \mathcal{N}.$$

Da $g_i(\omega) = p_o\, h(\omega(i)) + (\varphi(i+1), \mathcal{B}(i)\omega(i))$ stetig und wegen $p_o < 0$ streng konkav ist, nimmt $g_i(\omega)$ ihr Maximum in genau einem Punkt aus dem kompakten Bereich V an. Daraus folgt

$$\omega^o_{\tilde\lambda}(i) = \bar{\omega}^o_{\tilde\lambda}(i) \quad \text{für alle } i \in \mathcal{N}.$$

(q.e.d.)

IV. 2 Ein Approximationstheorem und seine Anwendung auf diskrete, optimale Steuerungsprobleme

Auf Grund von (4.8) und (4.12) wird im folgenden

$$\varphi(i) = T_{i-1}\omega(0,i-1) \quad , \quad \varphi(0) = \varphi_o$$

gesetzt. Damit ergibt sich für die gewichtete Zielfunktion (4.1)

$$L[\omega^P,\tilde\lambda] = \sum_{i=0}^{N-1} \{z(T_{i-1}\omega(0,i-1)) + h(\omega(i)) + \lambda^o w^2(T_{i-1}\omega(0,i-1))\}$$
$$+ \sum_{k=1}^{l} \lambda^k d_k^2(T_{N-1}\omega^P). \tag{4.14}$$

Wendet man auf das Näherungsproblem $P[\tilde\lambda]$

$$L[\omega^{oP},\tilde\lambda] = \min_{\omega^P \in V_1^P} L[\omega^P,\tilde\lambda]$$

das Approximationstheorem [9,16] an, so läßt sich der Satz beweisen:

<u>Satz 3:</u>

Es existiere eine im engeren Sinn zulässige optimale Steuerfolge $\{\omega^o(i)\}_i$. Ist $\{\tilde\lambda_\mu\}$ eine monoton wachsende Folge von Vektoren mit reellen Komponenten mit $\lambda^k_\mu \to \infty$ für $\mu \to \infty$ $k = 0(1)l$, und ω^P_μ die Lösung des optimalen Steuerungsproblems

$$L[u_\mu^{oP}, \tilde{\lambda}_\mu] = \min_{u^P \in V_1^P} L[u^P, \tilde{\lambda}_\mu], \tag{4.15}$$

dann gilt:

a) $\|u_\mu^{oP} - u_\infty^{oP}\| < \varepsilon$ für alle $\mu > K(\varepsilon)$, und $u_\infty^{oP} \in V_1^P$,

b) u_∞^{oP} ist Lösung des optimalen Steuerungsproblems $P[u^P]$, d.h.

$$L[u_\infty^{oP}] = \min_{u^P \in V^e} L[u^P] = L[u^{oP}]. \tag{4.16}$$

<u>Beweis:</u>

Es sei $\{\tilde{\lambda}_m\}$ mit $\tilde{\lambda}'_m = (\lambda_m^o, \lambda'_m) \in E^{l+1}$ eine Folge von Vektoren mit positiven reellen Komponenten mit $\lambda_m^k \to \infty$, $k = 0(1)l$. Da die Funktionen

$$L[u^P, \tilde{\lambda}_m] = L[u^P] + \sum_{i=0}^{N-1} \lambda_m^o w^2(T_{i-1} u(0,i-1)) + \sum_{k=1}^{l} \lambda_m^k d_k^2(T u^P)$$

$$m = 1,2,\ldots$$

stetig sind, nehmen sie ihre kleinsten Werte für ein u_m^P aus der kompakten Menge V_1^P an, d.h. es existiert zu jedem $\tilde{\lambda}_m$ genau eine Steuerung $u_m^{oP} \in V_1^P$, die das Problem

$$\min_{u^P \in V_1^P} L[u^P, \tilde{\lambda}_m]$$

löst. Da V_1^P kompakt ist, existiert eine Teilfolge $\{u_{m_\mu}^{oP}\}$ der Folge der optimalen Steuerungen u_m^{oP} , die gegen ein $u_\infty^{oP} \in V_1^P$ konvergiert. Bezeichnet man im folgenden

$u_\mu^{oP} = u_{m_\mu}^{oP}$ und die zugehörigen $\tilde{\lambda}_\mu = \tilde{\lambda}_{m_\mu}$, dann gilt also

a) $\lambda_\mu^k \to \infty$ für $\mu \to \infty$, $k = 0(1)l$

b) u_μ^{oP} löst das Problem: $\min_{u^P \in V_1^P} L[u^P, \tilde{\lambda}_\mu]$

c) $\{u_\mu^{oP}\} \xrightarrow[\mu \to \infty]{} u_\infty^{oP} \in V_1^P$

Definition 8:

Die Steuerfolge $\{w^{o}_{\infty}(i)\}_i$ mit $\| w^{oP}_{\mu} - w^{oP}_{\infty}\| < \varepsilon$ für $\mu > k(\varepsilon)$ heißt die optimale Grenzsteuerfolge.

Somit ist noch zu zeigen, daß die optimale Grenzsteuerfolge w^{oP}_{∞} auch im engeren Sinn zulässig ist und das Problem $P[w^{P}]$ löst.

Lemma 3.1: [1]

Die Folge der optimalen Werte der Zielfunktion (4.14) $\{L[w^{oP}_{\mu}, \tilde{\lambda}_{\mu}]\}$ konvergiert für $\mu \to \infty$, d.h.

$$| L[w^{oP}_{\mu}, \tilde{\lambda}_{\mu}] - L_{\infty} | < \varepsilon \quad \text{für } \mu > n(\varepsilon) \ . \tag{4.17}$$

Beweis:

a) $L[w^{oP}_{\mu}, \tilde{\lambda}_{\mu}]$ ist monoton nicht fallend.

Annahme:

$$L[w^{oP}_{\mu}, \tilde{\lambda}_{\mu}] > L[w^{oP}_{\nu}, \tilde{\lambda}_{\nu}] \text{ für } \mu < \nu \ .$$

Aus (4.14) folgt

$$L[w^{oP}_{\mu},\tilde{\lambda}_{\mu}] > L[w^{oP}_{\nu},\tilde{\lambda}_{\nu}] = L[w^{oP}_{\nu}] + \sum_{i=o}^{N-1} \lambda^{o}_{\nu} w^2(T_{i-1}\, w^{o}_{\nu}(C,i-1)) + \sum_{k=1}^{l} \lambda^{k}_{\nu} d^2_k(T_{i-1}\, w^{oP}_{\nu}). \tag{4.18}$$

Da $\lambda^{k}_{\mu} < \lambda^{k}_{\nu}$ für $\mu < \nu$, $k = C(1)l$, und wegen (4.3) ist

$$\sum_i \lambda^{o}_{\mu} w^2(T_{i-1} w^{o}_{\nu}(0,i-1)) \le \sum_i \lambda^{o}_{\nu} w^2(T_{i-1} w^{o}_{\nu}(0,i-1))$$

$$\sum_k \lambda^{k}_{\mu} d^2_k(T_{i-1} w^{oP}_{\nu}) \le \sum_k \lambda^{k}_{\nu} d^2_k(T_{i-1} w^{oP}_{\nu}) \ .$$

Damit erhält man aus (4.18)

$$L[w^{oP}_{\mu}, \tilde{\lambda}_{\mu}] > L[w^{oP}_{\nu}] + \sum_{i=o}^{N-1} \lambda^{o}_{\mu} w^2(T_{i-1} w^{o}_{\nu}(C,i-1)) + \sum_{k=1}^{l} \lambda^{k}_{\mu} d^2_k(T_{N-1} w^{oP}_{\nu})$$

---

1) 3.1 bedeutet, daß das Lemma 1 in unmittelbarem Zusammenhang zum Satz 3 steht.

und schließlich wegen (4.14)

$$L[\mathfrak{w}_\mu^{oP}, \tilde{\lambda}_\mu] > L[\mathfrak{w}_v^{oP}, \tilde{\lambda}_\mu]$$

Dies ist jedoch ein Widerspruch zu (4.15).

b) $\{L[\mathfrak{w}_\mu^{oP}, \tilde{\lambda}_\mu]\}$ ist beschränkt.

Da $\mathfrak{w}^{oP} \in V^e$ ist, gilt

$$w(T_{i-1}\mathfrak{w}^o(0,i-1)) = 0; \quad d_k(T_{N-1}\mathfrak{w}^{oP}) = 0 \text{ für alle i und } k \in \mathcal{L}.$$

Damit ist aber

$$L[\mathfrak{w}^{oP}] = \sum_{i=o}^{N-1} \{z(\varphi^o(i)) + h(\mathfrak{w}^o(i)) + \lambda_\mu^o w^2(T_{i-1}\mathfrak{w}(0,i-1))\} + \sum_{k=1}^{l} \lambda_\mu^k d_k^2(T\mathfrak{w}^{oP})$$

oder wegen (4.15)

$$L[\mathfrak{w}^{oP}] = L[\mathfrak{w}^{oP}, \tilde{\lambda}_\mu] \geqq L[\mathfrak{w}_\mu^{oP}, \tilde{\lambda}_\mu] . \qquad (4.19)$$

Aus (4.15) folgt weiter wegen

$$\lambda_\mu^o w^2(T_{i-1}\mathfrak{w}(0,i-1)) \geqq 0 \text{ für alle } i = 1(1)N$$

$$\lambda_\mu^k d_k^2(T_{N-1}\mathfrak{w}^P) \geqq 0 \text{ für alle } k \in \mathcal{L} \ :$$

$$L[\mathfrak{w}_\mu^{oP}, \tilde{\lambda}_\mu] \geqq L[\mathfrak{w}_\mu^{oP}].$$

Zusammen mit (4.19) erhält man die Ungleichung

$$L[\mathfrak{w}_\mu^{oP}] \leqq L[\mathfrak{w}_\mu^{oP}, \tilde{\lambda}_\mu] \leqq L[\mathfrak{w}^{oP}, \tilde{\lambda}_\mu] = L[\mathfrak{w}^{oP}] . \qquad (4.19a)$$

Da nach Voraussetzung $|L[\mathfrak{w}_\mu^{oP}]| \leqq K$ ist, folgt somit

$$|L[\mathfrak{w}_\mu^{oP}, \tilde{\lambda}_\mu]| \leqq K$$

Aus der Beschränktheit und Monotonie folgt die Behauptung dieses Lemmas. (q.e.d.)

Die optimalen Steuerfolgen $\{\mathfrak{w}_\mu^o(i)\}_i$, $\mu = 1,2,\dots$ der Probleme (4.15) sind im weiteren Sinn zulässig; dasselbe gilt wegen der Kompaktheit von V_1^P für die optimale Grenzsteuerfolge $\{w_\infty^o(i)\}_i$. Es gilt jedoch ferner das

Lemma 3.2:

Die optimale Grenzsteuerfolge $\{w_\infty^o(i)\}_i$ ist im engeren Sinn zulässig, d.h. $w_\infty^{oP} \in V^e$. (4.20)

Beweis:

Es sei $\{\varphi_\mu(i)\}_i$ die zur Steuerfolge $\{w_\mu(i)\}_i$ gehörende Trajektorie.

$$L[w_\mu^{oP}] = \sum_{i=o}^{N-1} \{ g(\varphi_\mu^o(i))+h(w_\mu^o(i))\}$$ ist für alle $\mu = 1,2...$ beschränkt und es gilt

$$L[w_\mu^{oP}] \leqq L[w_\mu^{oP}] + \sum_{i=o}^{N-1} \lambda_\mu^o w^2(T_{i-1} w_\mu^o(0,i-1)) + \sum_{k=1}^{l} \lambda_\mu^k d_k^2(T_{N-1} w_\mu^{oP})$$

$$\leqq L[w^{oP}]$$

oder

$$0 \leqq \sum_{i=o}^{N-1} \lambda_\mu^o w^2(T_{i-1} w_\mu^o(0,i-1)) + \sum_{k=1}^{l} \lambda_\mu^k d_k^2(T_{N-1} w_\mu^{oP})$$

$$\leqq L[w^{oP}] - L[w_\mu^{oP}] \leqq m \quad \text{für } \mu = 1,2,...,\tag{4.21}$$

wobei m eine von μ unabhängige Konstante sei. Somit ist jeder Summand von (4.21) beschränkt, und es gilt

$$0 \leqq \lambda_\mu^o w^2(T_{i-1} w_\mu^o(0,i-1)) \leqq m \text{ für alle } i = 1(1)N$$

$$0 \leqq \lambda_\mu^k d_k^2(T_{N-1} w_\mu^{oP}) \leqq m \text{ für alle } k \in \mathcal{L}$$

Da die Gewichtskoeffizieten λ^k, k = 0(1)l, positiv sind, sowie die Summe der Straffunktionen nicht negativ ist, erhält man weiter

$$0 \leqq \sum_{i=o}^{N-1} w^2(T_{i-1} w_\infty^o(0,i-1)) \leqq \frac{m}{\lambda_\mu^o} + \sum_{i=o}^{N-1} \{w^2(T_{i-1} w_\infty^o(0,i-1)) -$$

$$-w^2(T_{i-1} w_\mu^o(0,i-1))\} \text{ und für alle } k \in \mathcal{L}$$

$$0 \leqq d_k^2(T_{N-1} w_\infty^{oP}) \leqq \frac{m}{\lambda_\mu^k} + \{ d_k^2(T_{N-1} w_\infty^{oP}) - d_k^2(T_{N-1} w_\mu^{oP})\}$$

oder

$$0 \leq \sum_{i=o}^{N-1} w^2(T_{i-1}\, \mathfrak{w}_{\infty}^{o}(0,i-1)) \leq \frac{m}{\lambda_{\mu}^{o}} + \sum_{i=o}^{N-1} | w^2(T_{i-1}\, \mathfrak{w}_{\infty}^{o}(0,i-1)) - w^2(T_{i-1}\, \mathfrak{w}_{\mu}^{o}(0,i-1)) | \tag{4.22}$$

bzw.

$$0 \leq d_k^2(T_{N-1}\, \mathfrak{w}_{\infty}^{oP}) \leq \frac{m}{\lambda_{\mu}^{k}} + | d_k^2(T_{N-1}\, \mathfrak{w}_{\infty}^{oP}) - d_k^2(T_{N-1}\, \mathfrak{w}_{\mu}^{oP}) | . \tag{4.23}$$

Bezeichnet man mit $\{\mathfrak{x}_{\infty}^{o}(i)\}_i$ die zur optimalen Grenzsteuerfolge gehörende **Trajektorie**, dann ergibt sich aus (4.12) und (4.13)

$$\begin{aligned} \| \mathfrak{x}_{\mu}^{o}(i) - \mathfrak{x}_{\infty}^{o}(i) \| &\leq \sum_{l=o}^{i-1} \{ \| \prod_{s=i-1}^{l+1} \left[\mathfrak{E} + \mathfrak{A}(s) \right] \mathfrak{B}(l)(\mathfrak{w}_{\mu}^{o}(l) - \mathfrak{w}_{\infty}^{o}(l)) \| \\ &\leq \sum_{l=o}^{i-1} \{ \prod_{s=i-1}^{l+1} \| \mathfrak{E} + \mathfrak{A}(s) \| \, \| \mathfrak{B}(l)(\mathfrak{w}_{\mu}^{o}(l) - \mathfrak{w}_{\infty}^{o}(l)) \| \} \; ^{*)} . \end{aligned}$$

Setzt man $\mathfrak{y}(l) = \mathfrak{B}(l)\, \mathfrak{w}(l)$, so ist

$$\begin{aligned} \| \mathfrak{x}_{\mu}^{o}(i) - \mathfrak{x}_{\infty}^{o}(i) \| &\leq \sum_{l=o}^{i-1} \{ \prod_{s=i-1}^{l+1} \| \mathfrak{E} + \mathfrak{A}(s) \| \; \| \mathfrak{y}_{\mu}^{o}(l) - \mathfrak{y}_{\infty}^{o}(l) \| \\ &\leq k_1 \sum_{l=o}^{i-1} \| \mathfrak{y}_{\mu}^{o}(l) - \mathfrak{y}_{\infty}^{o}(l) \| , \end{aligned}$$

wobei $k_1 = n \cdot i(i-1) \max_{s} \{ \max_{j,k} | \bar{a}_{jk}(s) | \}$ und $(\bar{a}_{jk}(s))_{j,k} = \mathfrak{E} + \mathfrak{A}(s)$ ist.
Da $\| \mathfrak{y}_{\mu}^{o}(l) - \mathfrak{y}_{\infty}^{o}(l) \| < \varepsilon$ für $\mu > n(\varepsilon)$ und alle $l \in \mathfrak{N}$, erhält man

$$\| \mathfrak{x}_{\mu}^{o}(i) - \mathfrak{x}_{\infty}^{o}(i) \| < k_1 \varepsilon \text{ für } \mu > n(\varepsilon) . \tag{4.24}$$

---

*) Als Matrixnorm wird im folgenden $\| \mathfrak{A} \| = \sqrt{\lambda}$ gewählt. Hierbei ist λ der größte Eigenwert der Matrix $\mathfrak{A}$. Man beachte ferner, daß gilt:

$$\| \mathfrak{A} \| = \sqrt{\lambda} \leq n \max_{l,k} | a_{lk} |$$

Aus der Stetigkeit von $w^2(\varphi)$ und $d^2(\varphi)$ folgt somit

$$|w^2(T_{i-1}\omega_\mu^o(0,i-1))-w^2(T_{i-1}\omega_\infty^o(0,i-1))| =$$

$$|w^2(\varphi_\mu^o(i))-w^2(\varphi_\infty^o(i))| < \varepsilon_1$$

$$|d_k^2(T_{N-1}\omega_\mu^{oP})-d_k^2(T_{N-1}\omega_\infty^{oP})| = |d_k^2(\varphi_\mu^o(N))-d_k^2(\varphi_\infty^o(N))| < \varepsilon_2$$

für alle $i \in \mathfrak{N}$ und $k \in \mathfrak{L}$ und $\mu > n(\varepsilon_1,\varepsilon_2)$. Für ein geeignetes $\mu > N(\varepsilon_1,\varepsilon_2)$ ergibt sich mit (4.22) und (4.23)

$$0 \leqq \sum_{i=o}^{N-1} w^2(T_{i-1}\omega_\infty^o(0,i-1)) < \varepsilon_1$$

$$0 \leqq d_k^2(T_{N-1}\omega_\infty^{oP}) < \varepsilon_2 \quad \text{für alle } k \in \mathfrak{L} .$$

Für die optimale Grenzsteuerfolge bzw. die zugehörige optimale Trajektorie gilt folglich

$$w^2(T_{i-1}\omega_\infty^o(0,i-1)) = w^2(\varphi_\infty^o(i)) = 0 \text{ oder } w(\varphi_\infty^o(i)) = 0 \quad (4.25)$$

$$d_k^2(T_{N-1}\omega_\infty^{oP}) = d_k^2(\varphi_\infty^o(N)) = 0 \text{ oder } d_k(\varphi_\infty^o(N))= 0 \quad (4.26)$$

für alle $i \in \mathfrak{N}$ und $k \in \mathfrak{L}$.
Die Gleichungen bedeuten, daß für jeden Zeitpunkt t_k, $k = 0(1)N$, die zur optimalen Grenzsteuerfolge gehörende Trajektorie innerhalb des konvexen Gebietes X_1 verläuft und $\varphi_\infty^o(N) \in R$, d.h. die optimale Grenzsteuerfolge $\{\omega_\infty^o(i)\}_i$ ist auch im engeren Sinn zulässig. (q.e.d.

Dieses Lemma liefert ein weiteres Ergebnis. Denn nach (4.25) und (4.26) ist

$$w(\varphi_\mu^o(i)) < \varepsilon_1; \quad d_k(\varphi_\mu^o(N)) < \varepsilon_2$$

für alle $i \in \mathfrak{N}$, $k \in \mathfrak{L}$ und $\mu > n(\varepsilon_1,\varepsilon_2)$

Definition 9:

Die Vollkugel $K(\alpha,\delta)$ mit dem Mittelpunkt $\alpha \in X_1$ und dem Radius δ ist erklärt durch

$$K(\alpha,\delta) = \{\varphi \mid \|\varphi-\alpha\| \leqq \delta\}.$$

Dann bezeichnet man

$$X_\delta = \bigcup_{\alpha \in X_1} K(\alpha, \delta)$$

als <u>Parallelmenge</u> von X_1. [15].

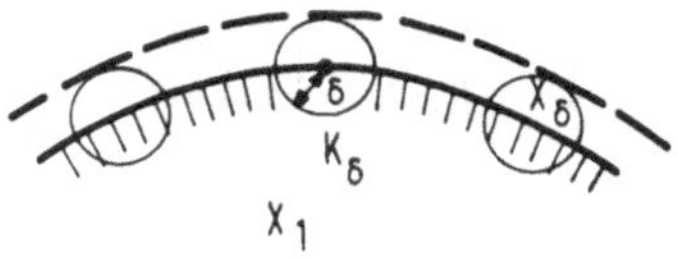

<u>Lemma 3.3</u>:

Gegeben sei der Radius ε_i: $0 < \varepsilon_i < \delta$. Dann läßt sich ein hinreichend großes $n(\varepsilon_i)$ so bestimmen, daß für $\mu > n(\varepsilon_i)$ alle Punkte der optimalen Trajektorie der optimalen Steuerungsprobleme

$$L[\mathfrak{w}^{oP}_\mu, \tilde{\lambda}_\mu] = \min_{\mathfrak{w}^P \in V_1^P} L[\mathfrak{w}^P, \tilde{\lambda}_\mu], \quad \mu > n(\varepsilon_i)$$

im Innern von $X_\delta \cup X_1$ liegen und $\psi^o_\mu(N) \in R_\delta \cup R$.

Damit ist das Problem $P[\tilde{\lambda}]$ auf ein optimales Steuerungsproblem ohne Beschränkung der Zustandsgrößen zurückgeführt.

Wie gezeigt wurde, ist die optimale Grenzsteuerfolge $\{\mathfrak{w}^o_\infty(i)\}_i$ im engeren Sinn zulässig. Zur Vervollständigung des Satzes 3 fehlt noch der Beweis des Lemmas

<u>Lemma 3.4</u>:

Die Grenzsteuerfolge $\{\mathfrak{w}^o_\infty(i)\}_i$ ist eine Lösung des optimalen Steuerungsproblems $P[\mathfrak{w}^P]$, d.h.

$$L[\mathfrak{w}^P_\infty] = \min_{\mathfrak{w}^P \in V^e} L[\mathfrak{w}^P] = L[\mathfrak{w}^{oP}] \tag{4.27}$$

<u>Beweis</u>:

Es gilt

$$|L[\mathfrak{w}^{oP}_\infty] - L[\mathfrak{w}^{oP}]| \leq |L[\mathfrak{w}^{oP}_\infty] - L[\mathfrak{w}^{oP}_\mu]| + |L[\mathfrak{w}^{oP}_\mu] - L[\mathfrak{w}^{oP}]| \tag{4.28}$$

Da $L[\mathfrak{w}^P]$ stetig ist, existiert zu jedem $\varepsilon > 0$ ein $N = N(\varepsilon) > 0$ so, daß

$$|L[\mathfrak{w}_{\mu}^{oP}] - L[\mathfrak{w}_{\infty}^{oP}]| < \varepsilon \text{ für alle } \mu > N(\varepsilon) . \tag{4.29}$$

Ferner folgt aus $L[\mathfrak{w}^{oP}] \leqq L[\mathfrak{w}_{\infty}^{oP}]$, daß

$L[\mathfrak{w}_{\infty}^{oP}] - L[\mathfrak{w}^{oP}] \geqq 0$.

Damit erhält man wegen (4.29)

$$L[\mathfrak{w}_{\mu}^{oP}] - L[\mathfrak{w}^{oP}] = (L[\mathfrak{w}_{\mu}^{oP}] - L[\mathfrak{w}_{\infty}^{oP}]) + (L[\mathfrak{w}_{\infty}^{oP}] - L[\mathfrak{w}^{oP}])$$

$$\geqq L[\mathfrak{w}_{\mu}^{oP}] - L[\mathfrak{w}_{\infty}^{oP}] > -\varepsilon \text{ für } \mu > N(\varepsilon) .$$

Zusammen mit (4.19a) ergibt sich dann

$$|L[\mathfrak{w}_{\mu}^{oP}] - L[\mathfrak{w}^{oP}]| < \varepsilon \text{ für } \mu > N(\varepsilon), \tag{4.30}$$

und mit (4.29) folgt aus (4.28) die Behauptung. (q.e.d.)

Damit ist auch Satz 3 vollständig bewiesen.

Der folgende Hilfssatz ist insbesondere für die Anwendbarkeit der Methode der Straffunktionen bei der numerischen Bestimmung von optimalen Steuerfolgen von Bedeutung.

<u>Hilfssatz</u>:

Die Folge $\{L[\mathfrak{w}_{\mu}^{oP}, \tilde{\lambda}_{\mu}]\}$ der optimalen Werte der Näherungsprobleme $P[\tilde{\lambda}_{\mu}]$ konvergiert gegen den optimalen Wert der Zielfunktion des ursprünglichen Problems $P[\mathfrak{w}^{P}]$, d.h.

$$|L[\mathfrak{w}_{\mu}^{oP}, \tilde{\lambda}_{\mu}] - L[\mathfrak{w}^{oP}]| < \varepsilon \text{ für } \mu > N(\varepsilon) . \tag{4.31}$$

<u>Beweis</u>:

Aus

$$L[\mathfrak{w}_{\mu}^{oP}, \tilde{\lambda}_{\mu}] = L[\mathfrak{w}_{\mu}^{oP}] + \sum_{i=o}^{N-1} \lambda_{\mu}^{o} w^{2}(T_{i-1}\mathfrak{w}_{\mu}^{o}(0,i-1)) + \sum_{k=1}^{1} \lambda_{\mu}^{k} d_{k}^{2}(T_{N-1}\mathfrak{w}_{\mu}^{oP}) \tag{4.32}$$

folgt wegen (4.19)

$$L[\mathfrak{w}^{oP}] - L[\mathfrak{w}_{\mu}^{oP}] \geqq \sum_{i=o}^{N-1} \lambda_{\mu}^{o} w^{2}(T_{i-1}\mathfrak{w}_{\mu}^{o}(0,i-1)) + \sum_{k=1}^{1} \lambda_{\mu}^{k} d_{k}^{2}(T_{N-1}\mathfrak{w}_{\mu}^{oP}) \geqq 0$$

und hieraus wegen (4.30)

$$0 \geq \lim_{\mu \to \infty} \sum_{i=0}^{N-1} \lambda_\mu^o w^2(T_{i-1} w_\mu^o(0,i-1)) + \sum_{k=1}^{l} \lambda_\mu^k d_k^2(T_{N-1} w_\mu^{oP}) \geq 0,$$

d.h.

$$\left| \sum_{i=0}^{N-1} \lambda_\mu^o w^2(T_{i-1} w_\mu^o(0,i-1)) + \sum_{k=1}^{l} \lambda_\mu^k d_k^2(T_{N-1} w_\mu^{oP}) \right| < \varepsilon \qquad (4.33)$$

$$\text{für } \mu > N_1(\varepsilon)$$

Da alle Summanden nichtnegativ sind, ergibt sich ferner

$$|\lambda_\mu w^2(T_{i-1} w_\mu^o(0,i-1))| < \varepsilon_1 \text{ für } \mu > N_1(\varepsilon_1) \text{ und alle } i \in \mathcal{N}$$

$$|\lambda_\mu^k d_k^2(T_{N-1} w_\mu^{oP})| < \varepsilon_2 \text{ für } \mu > N_2(\varepsilon_2) \text{ und alle } k \in \mathcal{L}.$$

Somit ist

$$| L[w_\mu^{oP}, \tilde{\lambda}_\mu] - L[w^{oP}] | \leq | L[w_\mu^{oP}, \tilde{\lambda}_\mu] - L[w_\mu^{oP}] | + | L[w_\mu^{oP}] - L[w^{oP}] |$$

$$< 2\,\varepsilon \text{ für } \mu > \max\{N(\varepsilon), N_1(\varepsilon)\}$$

wegen (4.30), (4.32) und (4.33). (q.e.d.)

IV. 3 Konvergenzbeweise

Im folgenden wird das optimale Steuerungsproblem

$$L[w_\mu^{oP}, \tilde{\lambda}_\mu] = \min_{w^P \in V_1^P} L[w^P, \tilde{\lambda}_\mu] \qquad (4.34)$$

betrachtet. Das zugehörige System von Zustandsgleichungen lautet

$$x_\mu(i+1) = x_\mu(i) + \mathcal{A}(i) x_\mu(i) + \mathcal{B}(i) w_\mu(i), \quad i \in \mathcal{N} \qquad (4.35)$$

$$x_\mu(0) = x(0) = x_0.$$

Wie in Lemma 3.3 gezeigt wurde, liegt für hinreichend große λ_μ^k, $k = 0(1)l$, die optimale Trajektorie von (4.34) ganz im Innern von $X_1 \cup X_\delta$ bzw. $R \cup R_\delta$, wobei X_δ bzw. R_δ gewisse Parallelmengen von X_1 bzw. R sind. Aus diesem Grund ist das Problem (4.34) auf ein optimales Steuerungsproblem reduziert, für das keine Beschränkungen bzgl. der Zustandsgrößen vorliegen.

Man führt nun analog zu (1.20) die HAMILTONfunktion für das Problem (4.34), (4.35) ein:

$$H_\mu(k) = (\tilde{\mathfrak{p}}_\mu(k), \tilde{\mathfrak{f}}(\mathfrak{x}_\mu(k-1), \mathfrak{w}_\mu(k-1))) \tag{4.35a}$$

Hierbei ist $\tilde{\mathfrak{p}}_\mu(k) = (p_{o_\mu}(k), \mathfrak{p}_\mu(k))'$, $k \in \mathfrak{N}$, der zu diesem Problem gehörende Kozustandsvektor. Damit gilt zusammen mit (4.35)

$$\begin{aligned} H_\mu(k) &= p_{o_\mu}(k) f_o(\mathfrak{x}_\mu(k-1), \mathfrak{w}_\mu(k-1)) + (\mathfrak{p}_\mu(k), \mathfrak{x}_\mu(k-1) + \mathfrak{A}(k-1)\mathfrak{x}_\mu(k-1) + \\ &\quad + \mathfrak{B}(k-1)\mathfrak{w}_\mu(k-1)) \\ &= p_{o_\mu}(k)\{ x_{o_\mu}(k-1) + z(\mathfrak{x}_\mu(k-1)) + h(\mathfrak{w}_\mu(k-1)) + \lambda_\mu^o w^2(\mathfrak{x}_\mu(k-1))\} \\ &\quad + (\mathfrak{p}_\mu(k), \mathfrak{x}_\mu(k-1) + \mathfrak{A}(k-1)\mathfrak{x}_\mu(k-1) + \mathfrak{B}(k-1)\mathfrak{w}_\mu(k-1)). \end{aligned} \tag{4.36}$$

Nach JORDAN, POLAK [6] und PROPOI [2] gelten dann folgende notwendige Bedingungen für die optimale Steuerfolge $\{\mathfrak{w}_\mu^o(k)\}_k$:

<u>Satz 4</u>:

Es sei $\{\mathfrak{w}_\mu^o(k)\}_k$ die optimale Steuerfolge des Steuerungsproblems (4.34), (4.35) und $\{\mathfrak{x}_\mu^o(k)\}_k$ die zugehörige Trajektorie im Zustandsraum. Dann existiert eine Funktion $\tilde{\mathfrak{p}}_\mu(k) = (p_{o_\mu}(k), \mathfrak{p}_\mu(k))'$, $k \in \mathfrak{N}$, die den Bedingungen

$$p_{o_\mu} = \text{const.} < 0$$

$$\mathfrak{p}_\mu(k) - [\mathfrak{E} + \mathfrak{A}(k)]' \, \mathfrak{p}_\mu(k+1) - p_{o_\mu} \nabla_{\mathfrak{x}} z(\mathfrak{x}_\mu^o(k)) = p_{o_\mu} \lambda_\mu^o \nabla w^2(\mathfrak{x}_\mu^o(k)) \qquad k \in \mathfrak{N} \tag{4.37}$$

$$\mathfrak{p}_\mu(N) = p_{o_\mu} \sum_{i=1}^{l} \lambda_\mu^i \nabla d_i^2(\mathfrak{x}_\mu^o(N)) \tag{4.38}$$

genügt, sodaß

$$H_\mu(\tilde{\mathfrak{p}}(k+1), \mathfrak{x}_\mu^o(k), \mathfrak{w}_\mu^o(k)) = \max_{\mathfrak{w}(k) \in V_k} H_\mu(\tilde{\mathfrak{p}}_\mu(k+1), \mathfrak{x}_\mu^o(k), \mathfrak{w}(k)) \quad \text{für alle } k \in \mathfrak{N}, \tag{4.39}$$

bzw.

$$\begin{aligned} &p_{o_\mu} h(\mathfrak{w}_\mu^o(k)) + (\tilde{\mathfrak{p}}_\mu(k+1), \mathfrak{B}(k)\mathfrak{w}_\mu^o(k)) = \\ &= \max_{\mathfrak{w}(k) \in V_k} \{p_{o_\mu} h(\mathfrak{w}(k)) + (\tilde{\mathfrak{p}}_\mu(k+1), \mathfrak{B}(k)\mathfrak{w}(k))\} \quad \text{für alle } k \in \mathfrak{N}. \end{aligned} \tag{4.40}$$

Es sei $\{\mathscr{w}^*_\mu(i)\}_i$ eine im weiteren Sinn zulässige Steuerfolge mit

$$\mathscr{w}^*_\mu(i) = \mathscr{w}^o_\mu(i) \qquad \text{für } i \neq k-1 \tag{4.41}$$

$$\mathscr{w}^*_\mu(i) = \mathscr{w}^o_\mu(i)+\varepsilon\,\Delta\,\mathscr{w}^o_\mu(i) \text{ für } i = k-1 .$$

Diese gestörte optimale Steuerfolge ruft sowohl eine Änderung in der optimalen Trajektorie $\{\varphi^o_\mu(i)\}_i$ als auch eine im Wert der Zielfunktion

$$L[\mathscr{w}^{oP}_\mu, \tilde{\lambda}_\mu]$$

hervor:

$$\varphi^*_\mu(i) = \varphi^o_\mu(i) \qquad \text{für } i = 0(1)k-1$$
$$\varphi^*_\mu(i) = \varphi^o_\mu(i)+\varepsilon\,\Delta\,\varphi^o_\mu(i)+\sigma(\varepsilon) \text{ für } i \geqq k,\ \varepsilon > 0 \tag{4.42}$$

bzw.

$$L[\mathscr{w}^*_\mu(k-1,N-1), \tilde{\lambda}_\mu] = L[\mathscr{w}^o_\mu(k-1,N-1), \tilde{\lambda}_\mu]+\varepsilon\Delta\, L[\mathscr{w}^o_\mu(k-1,N-1), \tilde{\lambda}_\mu] + +O_o(\varepsilon) . \tag{4.43}$$

$\tilde{\sigma}'(\varepsilon) = (O_o, O_1, \dots, O_n)$ ist ein Vektor mit

$$\lim_{\varepsilon \to 0} \frac{O_i(\varepsilon)}{\varepsilon} = 0 \quad \text{für alle } i = 0(1)n .$$

Nach Lemma 3.3 läßt sich zu einem ε mit $0 < \varepsilon < \delta$ ein hinreichend großes $n(\varepsilon)$ so bestimmen, daß für $\mu > n(\varepsilon)$ alle Punkte der optimalen Trajektorie der Steuerungsprobleme (4.34) im Innern von $X_\delta \cup X_1$ und $R_\delta \cup R$ liegen.

Zum Beweis der folgenden Sätze werden die Voraussetzungen gemacht:

a) Sei

$$M_{\varepsilon_i} = \bigcup_{\mathscr{m} \in M_i} K(\mathscr{m}, \varepsilon_i), \quad \varepsilon_i > 0, \quad i = 1(1)l$$

die Parallelmenge [vgl. Def.9] der Menge $M_i = \{\varphi / r_i(\varphi)=0\}$. Dann existiere zu jedem $\varphi \in M_{\varepsilon_i}$, $i = 1(1)l$, für ein gewisses $\varepsilon_i > 0$ genau ein $\varphi_{R_i} \in M^i_i$ mit

$$d_i(\varphi) = \| \varphi - \varphi_{R_i} \| = \inf_{\psi \in M_i} \| \varphi - \psi \| ; \; i = 1(1)l,$$

[vgl. Abb. 2].

Auf Grund dieser Voraussetzung läßt sich dann die Straffunktion $d_i(\varphi)$ in der Form

$$d_i(\varphi) = \operatorname{sgn} r_i(\varphi) \; (b_i(\varphi), \varphi - \varphi_{R_i}) \tag{4.44}$$

angeben.

b) Zu jedem $\varphi^o_\mu(k-1) \in X_\delta$, $k = 1(1)N$, existiere mindestens eine im weiteren Sinne zulässige Steuerung

$$w^*_\mu(k-1)$$

so, daß

$$-(u(\varphi^o_\mu(k)), \; \Delta\varphi^o_\mu(k)) > a_o \; . \tag{4.45a}$$

Für $\varphi^o_\mu(N-1) \in R_\delta$ gelte entsprechend

$$-\operatorname{sgn} r_i(\varphi^o_\mu(N))(b_i(\varphi^o_\mu(N)), \Delta\varphi^o_\mu(N)) > a_i \quad i = 1(1)l. \tag{4.45b}$$

a_k, $k = 0(1)l$, sind dabei positive, von $\varphi^o_\mu(.)$ unabhängige Konstanten.

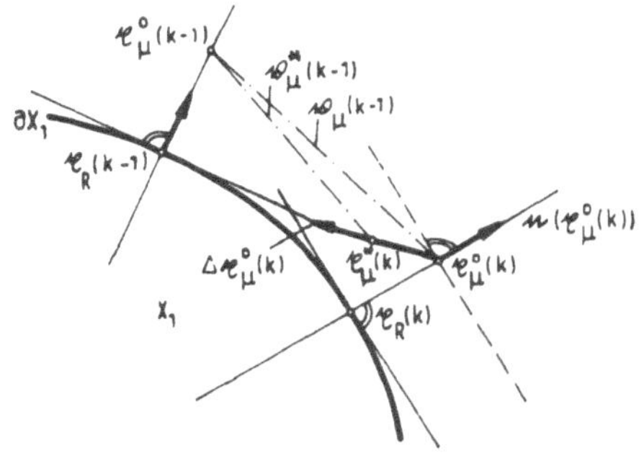

<u>**Satz 5:**</u>

Es gilt

$$0 \leq \sum_{i=1}^{l} \lambda^i_\mu d_i(\varphi^o_\mu(N)) \leq c, \tag{4.46}$$

wobei c eine von λ^i_μ unabhängige Konstante ist.

Beweis:

$\{\varphi_\mu^o(i)\}_i$ ist die zur optimalen Steuerung $\{w_\mu^o(i)\}$ gehörende Trajektorie; wegen (4.43) gilt dann

$$0 \leq L[w_\mu^*(k-1,N-1),\tilde{\lambda}_\mu]-L[w_\mu^o(k-1,N-1),\tilde{\lambda}_\mu] = \varepsilon\,\Delta L + O_o(\varepsilon)$$

oder

$$\Delta L[w_\mu^o(k-1,N-1),\tilde{\lambda}_\mu] \geq 0.$$

Damit erhält man

$$\Delta\Big[\sum_{i=k-1}^{N-1}\{z(\varphi_\mu^o(i))+h(w_\mu^o(i))\} + \sum_{i=k-1}^{N-1}\lambda_\mu^o w^2(\varphi_\mu^o(i)) + \sum_{k=1}^{l}\lambda_\mu^k d_k^2(\varphi_\mu^o(N))\Big] \geq 0$$

und, da $\Delta\varphi_\mu^o(i) = 0$ für $i \leq k-1$ und $\Delta w_\mu^o(i) = 0$ für $i \neq k-1$, folgt aus (4.5) und (4.44)

$$-\sum_{i=k}^{N-1}\lambda_\mu^o w(\varphi_\mu^o(i))(w'(\varphi_\mu^o(i)),\Delta\varphi_\mu^o(i)) -$$

$$-\sum_{s=1}^{l}\lambda_\mu^s d_s(\varphi_\mu^o(N))\operatorname{sgn} r_s(\varphi_\mu^o(N))(\delta_s(\varphi_\mu^o(N)),\Delta\varphi_\mu^o(N))$$

$$\leq \frac{1}{2}\Big\{\sum_{i=k}^{N-1}(\nabla_\varphi z(\varphi_\mu^o(i)),\Delta\varphi_\mu^o(i))+(\nabla_w h(w_\mu^o(k-1)),\Delta w_\mu^o(k-1))\Big\}. \tag{4.47}$$

Setzt man in (4.41) $k = N$,

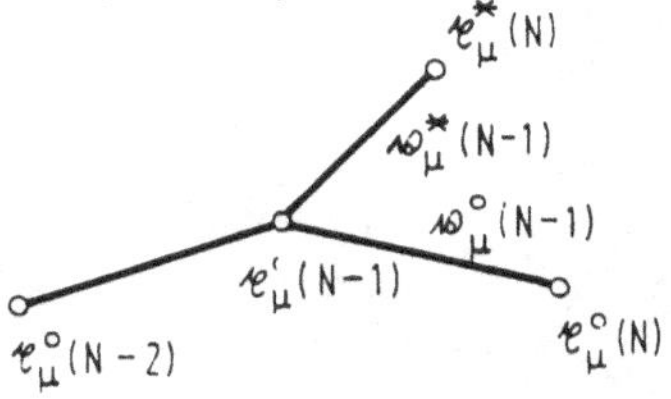

so liefert die Ungleichung (4.47) die Beziehung

$$-\sum_{s=1}^{l}\lambda_\mu^s d_s(\varphi_\mu^o(N))\operatorname{sgn} r_s(\varphi_\mu^o(N))(\delta_s(\varphi_\mu^o(N)),\Delta\varphi_\mu^o(N)) \leq$$

$$\frac{1}{2}(\nabla_w h(w_\mu^o(N-1)),\Delta w_\mu^o(N-1))$$

und wegen (4.45) wird

$$\sum_{s=1}^{l} \lambda_\mu^s a_s d_s(\varphi_\mu^o(N)) \leqq \frac{1}{2}(\nabla_w h(w_\mu^o(N-1)), \Delta w_\mu^o(N-1)).$$

Es ist nach Voraussetzung $h(w) \in C^1$, $w \in V$, und $w_\mu^*(i) \in V_1$, für alle $i \in \mathfrak{N}$. Folglich liefert die SCHWARZsche Ungleichung

$$|(\nabla_w h(w_\mu^o(N-1)), \Delta w_\mu^o(N-1))| \leqq \| \nabla_w h(w_\mu^o(N-1)\| \, \|\Delta w_\mu^o(N-1)\| \leqq c_1 . \tag{4.48}$$

c_1 ist eine von $w_\mu^o(N-1)$ unabhängige Konstante.
Wählt man $a = \min_s a_s > 0$, so ist

$$0 \leqq a \left| \sum_{s=1}^{l} \lambda_\mu^s d_s(\varphi_\mu^o(N)) \right| \leqq \left| \sum_{s=1}^{l} \lambda_\mu^s a_s d_s(\varphi_\mu^o(N)) \right| \leqq \frac{1}{2} c_1$$

oder

$$0 \leqq \sum_{s=1}^{l} \lambda_\mu^s d_s(\varphi_\mu^o(N)) \leqq \frac{1}{2} \cdot \frac{c_1}{a} = c .$$

(q.e.d.)

Satz 6:

Es sei $\{\varphi_\mu^o(i)\}_i$ die optimale Trajektorie des optimalen Steuerungsproblems (4.34), (4.35). μ sei so groß gewählt, daß $\varphi_\mu^o(i) \in X_\delta \cup X_1$ für $i = 0(1)N-1$, wobei X_δ eine gewisse Parallelmenge [vgl. Seite 39] von X_1 bedeutet.
Dann kann eine von λ_μ^o unabhängige Konstante M so bestimmt werden, daß

$$0 \leqq \sum_{i=o}^{N-1} \lambda_\mu^o w(\varphi_\mu^o(i)) < M \tag{4.49}$$

ist.

Beweis:

$$L[w_\mu^{oP}, \tilde{\lambda}_\mu] = \sum_{i=o}^{N-1} \{ z(\varphi_\mu(i)) + h(w_\mu^o(i)) + \lambda_\mu^o w^2(\varphi_\mu^o(i)) \} +$$
$$+ \sum_{s=1}^{l} \lambda_\mu^s d_s^2(\varphi_\mu^o(N))$$

Ändert man die optimale Steuerfolge im Zeitpunkt t_{N-2} entsprechend (4.41) ab, d.h. man betrachtet die im weiteren Sinne zulässige Steuerfolge

$$w_\mu^*(i) = w_\mu^o(i) \qquad \text{für } i \neq N-2$$
$$w_\mu^*(i) = w_\mu^o(i) + \varepsilon \Delta w_\mu^o(i) \quad \text{für } i = N-2 ,$$

so erhält man entsprechend zu (4.47)

$$- \overset{o}{\lambda}_\mu w(\varphi_\mu^o(N-1))(u(\varphi_\mu^o(N-1)), \Delta \varphi_\mu^o(N-1)) \leqq$$

$$\leqq \sum_{s=1}^{l} \lambda_\mu^s d_s(\varphi_\mu^o(N)) \operatorname{sgn} r_s(\varphi_\mu^o(N))(\ell_s(\varphi_\mu^o(N)), \Delta\varphi_\mu^o(N)) + \tag{4.50}$$

$$+ \frac{1}{2} \{ (\nabla_\varphi z(\varphi_\mu^o(n-1)), \Delta \varphi_\mu^o(N-1)) + (\nabla_w h(w_\mu^o(N-2)), \Delta w_\mu^o(N-2)) \}.$$

Für den Fall, daß die Störung der optimalen Steuerfolge im Zeitpunkt t_{k-1} wirksam ist, gilt für die folgenden Abweichungen von der optimalen Trajektorie

$$\Delta \varphi_\mu^o(j) = \prod_{s=j-1}^{k} [\mathcal{E} + \mathfrak{A}(s)] \mathcal{B}(k-1) \Delta w_\mu^o(k-1) . \tag{4.51}$$

$$k \leqq j \leqq N$$

Im vorliegenden Fall ist

$$\Delta \varphi_\mu^o(j) = \prod_{s=j-1}^{N-1} [\mathcal{E} + \mathfrak{A}(s)] \mathcal{B}(N-2) \Delta w_\mu^o(N-2).$$

Nach Konstruktion ist die Steuerfolge $\{w_\mu^*(i)\}_i$ im weiteren Sinn zulässig, und $\| \ell_1 \| = 1$. Folglich gilt

$$|(\ell_1(\varphi_\mu^o(N)), \Delta \varphi_\mu^o(N))| \leqq \| [\mathcal{E} + \mathfrak{A}(N-1)] \| \| \mathcal{B}(N-2) \Delta w_\mu^o(N-2) \|$$

$$\leqq c_{N-1} c_{N-2} = \alpha ,$$

wobei $c_{N-1} = n \max_{l,j} | \bar{a}_{lj}(N-1) |$, $[\mathcal{E} + \mathfrak{A}(N-1)] = (\bar{a}(N-1))_{lj}$, (4.52)

und $\| \eta_\mu(N-2) \| = \| \mathcal{B}(N-2) \Delta w_\mu^o(N-2) \| \leqq c_{N-2}$.

Wegen (4.46) ist

$$0 \leqq \sum_{i=1}^{l} | \lambda_\mu^i d_i(\varphi_\mu^o(N))(\ell_i(\varphi_\mu^o(N)), \Delta \varphi_\mu^o(N)) |$$

$$\leqq \alpha \sum_{i=1}^{l} | \lambda_\mu^i d_i(\varphi_\mu^o(N)) | \leqq \alpha \cdot c.$$

Da $z(\varphi) \in C^1$ und wegen (4.48), ist die rechte Seite von (4.50) beschränkt, und man erhält auf Grund der Voraussetzung (4.45)

$$0 \leqq \lambda_\mu^o w(\varphi_\mu^o(N-1)) \leqq \frac{1}{a} \{ \alpha c + \frac{1}{2} k \} = M_{N-1} .$$

Annahme:

Es ist $\sum_{i=k+1}^{N-1} \lambda_\mu^o w(\varphi_\mu^o(i)) \leq M_{k+1}$, $k < N-1$.

Dann folgt aus (4.47) unter Berücksichtigung von (4.41)

$$- \sum_{i=k}^{N-1} \lambda_\mu^o w(\varphi_\mu^o(i))(\varkappa(\varphi_\mu^o(i)), \Delta\varphi_\mu^o(i))$$

$$\leq \sum_{s=1}^{l} \lambda_\mu^s d_s(\varphi_\mu^o(N)) \operatorname{sgn} r_s(\varphi_\mu^o(N))(\delta_s(\varphi_\mu^o(N)), \Delta\varphi_\mu^o(N)) +$$

$$+ \frac{1}{2} \left\{ \sum_{i=k}^{N-1} (\nabla_\varphi z(\varphi_\mu^o(i)), \Delta\varphi_\mu^o(i)) + (\nabla_\omega h(\omega_\mu^o(k-1), \Delta\omega_\mu^o(k-1)) \right\} ,$$

$$- \lambda_\mu^o w(\varphi_\mu^o(k))(\varkappa(\varphi_\mu^o(k)), \Delta\varphi_\mu^o(k)) \leq \sum_{=k+1}^{N-1} \lambda_\mu^o w(\varphi_\mu^o(i))(\varkappa(\varphi_\mu^o(i)), \Delta\varphi_\mu^o(i))$$

$$+ \sum_{s=1}^{l} \lambda_\mu^s d_s(\varphi_\mu^o(N)) \operatorname{sgn} r_s(\varphi_\mu^o(N))(\delta_s(\varphi_\mu^o(N)), \Delta\varphi_\mu^o(N)) + \tag{4.53}$$

$$+ \frac{1}{2} \left\{ \sum_{i=k}^{N-1} (\nabla_\varphi z(\varphi_\mu^o(i)), \Delta\varphi_\mu^o(i)) + (\nabla_\omega h(\omega_\mu^o(k-1)), \Delta\omega_\mu^o(k-1)) \right\} .$$

Wegen (4.51) und (4.52) existieren Konstanten

$$c_i = (i-k) \max_s \max_{j,l} \bar{a}_{j,l}(s)$$

und c_{k-1} so, daß

$$\left| \sum_{i=k+1}^{N-1} \lambda_\mu^o w(\varphi_\mu^o(i))(\varkappa(\varphi_\mu^o(i)), \Delta\varphi_\mu^o(i)) \right| \leq$$

$$\sum_{i=k+1}^{N-1} | \lambda_\mu^o w(\varphi_\mu^o(i)) | \, \| \varkappa(\varphi_\mu^o(i)) \| \, \| \Delta\varphi_\mu^o(i) \| \leq M_{k+1}\alpha ,$$

wobei $\| \Delta\varphi_\mu^o(i) \| \leq c_i c_{k-1} = \alpha_i$ und $\alpha = \max_i \alpha_i$.

Wie man leicht zeigen kann, sind die beiden anderen Ausdrücke auf der rechten Seite von (4.53) ebenfalls beschränkt. Damit gilt

$$- \lambda_\mu^o w(\varphi_\mu^o(k))(\varkappa(\varphi_\mu^o(k)), \Delta\varphi_\mu^o(k)) \leq M_{k+1}\alpha + c$$

oder wegen (4.45)

$$0 \leq \lambda_\mu^o w(\varphi_\mu^o(k)) \leq \frac{1}{a_o} [M_{k+1}\alpha + c] = M_k .$$

Mit $M = N \max_k M_k$ ist der Satz bewiesen. (q.e.d.)

Da $p_{o\mu}$ = const, sei im folgenden $\tilde{\varrho}_\mu(k)$ so normiert, daß $p_{o\mu} = \frac{1}{2} p_o$.

Die rechte Seite des adjungierten Systems (4.37) wird mit

$$q_\mu(k) = \lambda_\mu^o \; \nabla w^2(\varphi_\mu^o(k)), \quad k \in \mathcal{K} \tag{4.54}$$

bezeichnet. Dann kann der folgende Satz bewiesen werden:

Satz 7:

$$q_\infty(k) = \lim_{\mu \to \infty} q_\mu(k) = 2\sigma(\varphi^o(k)) \nabla g(\varphi_\infty^o(k)), \tag{4.55}$$

wobei

$$\sigma(\varphi_\infty^o(k)) \begin{cases} \geqq 0 \; ; & \text{für} \quad g(\varphi_\infty^o(k)) = 0 \\ = 0 \; ; & \text{für} \quad g(\varphi_\infty^o(k)) < 0 \end{cases}$$

für alle $k = 1(1)N-1$

Beweis:

Aus (4.54) folgt

$$\frac{1}{2} \lim_{\mu \to \infty} q_\mu(k) = \lim_{\mu \to \infty} \lambda_\mu^o w(\varphi_\mu^o(k)) n(\varphi_\infty^o(k)) +$$

$$+ \lim_{\mu \to \infty} \{\lambda_\mu^o w(\varphi_\mu^o(k))[n(\varphi_\mu^o(k)) - n(\varphi_\infty^o(k))] \; .$$

a) Es sei $\varphi_\infty^o(k) \in \partial X_1$; dann gilt wegen $g(\varphi) \in C^1$ und

$\| \varphi_\mu^o(k) - \varphi_\infty^o(k) \| < \varepsilon$ für $\mu > n(\varepsilon)$

$$\| \lambda_\mu^o(k) w(\varphi_\mu^o(k))[n(\varphi_\mu^o(k)) - n(\varphi_\infty^o(k))] \| < M_k \| n(\varphi_\mu^o(k)) - n(\varphi_\infty^o(k)) \|$$

$$< M_k \, \varepsilon_1$$

für $\mu > n(\varepsilon_1)$. Somit ist

$$q_\infty(k) = 2\Big[\lim_{\mu \to \infty} \lambda_\mu^o w(\varphi_\mu^o(k))\Big] n(\varphi_\infty^o(k)).$$

Man betrachte die Strecke

$$H = \{ \mathfrak{y} / \mathfrak{y} = 2a \, n(\varphi_\infty^o(k)); \; 0 \leqq a \leqq M_k \} ,$$

wobei M_k die Konstante aus Satz 6 ist. H ist kompakt; dann gehört jedes Element der Folge

$$q_\mu(k) = 2[\lambda_\mu^0 w(\varphi_\mu^0(k))]n(\varphi_\infty^0(k))$$

der Strecke an und es gilt $q_\infty(k) \in H$, d.h. $q_\infty(k)$ läßt sich darstellen durch

$$q_\infty(k) = 2\sigma(\varphi_\infty^0(k))n(\varphi_\infty^0(k)),$$

wobei $\sigma(\varphi_\infty^0(k)) \geqq 0$.

b) Es sei $\varphi_\infty^0(k) \in \operatorname{int} X_1$; dann existiert ein $\varepsilon > 0$ so, daß

$$\| \varphi_\mu^0(k) - \varphi_\infty^0(k) \| < \varepsilon \quad \text{und} \quad w(\varphi_\mu^0(k)) = 0$$

für alle $\mu > n(\varepsilon)$, d.h. $\lambda_\mu^0 w(\varphi_\mu^0(k)) = 0$ und

$$\lim_{\mu \to \infty} \lambda_\mu^0 w(\varphi_\mu^0(k)) = 0 = \sigma(\varphi_\infty^0(k))$$

für $\varphi_\infty^0(k) \in \operatorname{int} X_1$. Damit ist gezeigt, daß

$$\sigma(\varphi_\infty^0(k)) \begin{cases} \geqq 0 & \text{für} \quad \varphi_\infty^0(k) \in \partial X_1 \\ = 0 & \text{für} \quad \varphi_\infty^0(k) \in \operatorname{int} X_1 . \end{cases}$$

Ferner ist $n(\varphi_\infty^0(k)) = \nabla_\varphi g(\varphi_\infty^0(k))$ für $\varphi_\infty^0(k) \in \partial X_1$. -----

<u>Satz 8</u>:

Es sei

$$\tilde{\varrho}_\mu(N) = \sum_{i=1}^{l} \lambda_\mu^i \nabla d_i^2(\varphi_\mu^0(N)).$$

Dann gilt

$$\varrho_\infty(N) = \lim_{\mu \to \infty} \tfrac{1}{2} p_0 \tilde{\varrho}_\mu(N) = p_0 \sum_{i=1}^{l} \varrho_i \nabla r_i(\varphi_\infty^0(N)), \tag{4.56}$$

wobei ϱ^i, $i \in \mathcal{L}$, beliebige Konstanten sind.

<u>Beweis</u>:

$$\tfrac{1}{2} \tilde{\varrho}_\infty(N) = \lim_{\mu \to \infty} \sum_{i=1}^{l} \lambda_\mu^i d_i(\varphi_\mu^0(N)) \delta_i(\varphi_\mu^0(N))$$

$$= \sum_{i=1}^{l} [\lim_{\mu \to \infty} \lambda_\mu^i d_i(\varphi_\mu^0(N))] \delta_i(\varphi_\infty^0(N)) +$$

$$+ \sum_{i=1}^{l} \{ [\lim_{\mu \to \infty} \lambda_\mu^i d_i(\varphi_\mu^o(N))][\mathscr{b}_i(\varphi_\mu^o(N)) - \mathscr{b}_i(\varphi_\infty^o(N))] \}.$$

Nach (4.46) und wegen $r(\varphi) \in C^1$ gilt für $\mu > n(\varepsilon)$

$$|\lambda_\mu^i d_i(\varphi_\mu^o(N))| \, \|\mathscr{b}_i(\varphi_\mu^o(N)) - \mathscr{b}_i(\varphi_\infty^o(N))\| < c_i \ \varepsilon \text{ für alle } i \in \mathscr{L} .$$

Damit erhält man

$$\frac{1}{2} \bar{\wp}_\infty(N) = \sum_{i=1}^{l} [\lim_{\mu \to \infty} \lambda_\mu^i d_i(\varphi_\mu^o(N))] \, \mathscr{b}_i(\varphi_\infty^o(N))$$

oder, da $\varphi_\infty^o(N) \in R$,

$$\frac{1}{2} \bar{\wp}_\infty(N)) = \sum_{i=1}^{l} [\lim_{\mu \to \infty} \lambda_\mu^i d_i(\varphi_\mu^o(N))] \, \nabla r_i(\varphi_\infty^o(N)) .$$

Konstruiert man die Menge

$$K = \{ \mathfrak{z} / \mathfrak{z} = \sum_{i=1}^{l} y_i \ \nabla r_i(\varphi_\infty^o(N)), \quad |y_i| \leq c_i \},$$

so gehört jedes Element der Folge

$$\mathscr{w}_\mu = \sum_{i=1}^{l} [\lambda_\mu^i d_i(\varphi_\mu^o(N))] \, \nabla r_i(\varphi_\infty^o(N))$$

wegen $|\lambda_\mu^i d_i(\varphi_\mu^o(N))| \leq c_i$ der Menge K an und, weil K abgeschlossen ist, wird

$$\mathscr{w} = \lim_{\mu \to \infty} \mathscr{w}_\mu = \sum_{i=1}^{l} \varrho_i \ \nabla r_i(\varphi_\infty^o(N))$$

mit $|\varrho_i| \leq c_i$. Setzt man

$$\lim_{\mu \to \infty} \bar{\wp}_\mu(N) = 2 \mathscr{w} ,$$

so ist

$$\wp_\infty(N) = \frac{1}{2} p_o \lim_{\mu \to \infty} \bar{\wp}_\mu(N) = p_o \sum_{i=1}^{l} \varrho_i \nabla r_i(\varphi_\infty^o(N)).$$

(q.e.d.)

Nach (4.37) läßt sich der Kozustandsvektor $\wp_\mu(k)$ darstellen durch

$$\wp_\mu(k) = \prod_{i=k}^{N-1} [\mathfrak{E} + \mathfrak{A}(i)]' \, \wp_\mu(N) +$$

$$+ p_o \sum_{i=N-1}^{k} \left\{ \prod_{l=k}^{i-1} \left[\mathcal{E} + \mathcal{O}(l) \right] \left[\nabla_\varphi z(\varphi_\mu^o(i)) + q_\mu(i) \right] \right\}. \quad (4.57)$$

Somit gilt der

Satz 9:

Die Folge der Kozustandsvektoren $\{ \rho_\mu(k) \}$ konvergiert für alle k und es gilt

$$\rho_\infty(k) = \lim_{\mu \to \infty} \rho_\mu(k) = \prod_{i=k}^{N-1} \left[\mathcal{E} + \mathcal{O}(i) \right]' \rho_\infty(N) +$$

$$+ p_o \sum_{i=N-1}^{k} \left\{ \prod_{l=k}^{i-1} \left[\mathcal{E} + \mathcal{O}(l) \right]' \left[\nabla_\varphi z(\varphi_\infty(i)) + q_\infty(i) \right] \right\} \quad (4.58)$$

Beweis:

Man erhält

$$\| \rho_\mu(k) - \rho_\infty(k) \| \leq \prod_{i=k}^{N-1} \| \mathcal{E} + \mathcal{O}'(i) \| \, \| \rho_\mu(N) - \rho_\infty(N) \| +$$

$$+ \sum_{i=N-1}^{k} \prod_{l=k}^{i-1} \| \mathcal{E} + \mathcal{O}'(l) \| \{ \| \nabla_\varphi z(\varphi_\mu^o(i)) -$$

$$- \nabla_\varphi z(\varphi_\infty^o(i)) \| + \| q_\mu(i) - q_\infty(i) \| \}$$

$$\leq b \| \rho_\mu(N) - \rho_\infty(N) \| + c \sum_{i=N-1}^{k} \{ \| \nabla_\varphi z(\varphi_\mu^o(i)) - \nabla_\varphi z(\varphi_\infty^o(i)) \| +$$

$$+ \| q_\mu(i) - q_\infty(i) \| \}$$

mit $b = (N-k)n \max_{j,m} (\tilde{a}(i))_{j\,m}$ und $c = (N-1-k) \max_i c_i$, wobei $c_i = (i-k)n \max_l \max_{j,m} (\tilde{a}(l))_{j\,m}$ und $(\tilde{a}(l))_{j\,m} = \mathcal{E} + \mathcal{O}'(l)$ bedeutet. Da $z(\varphi) \in C^1$ und $\| \varphi_\mu^o(k) - \varphi_\infty^o(k) \| < \varepsilon$ für $\mu > n(\varepsilon)$, gilt

$$\| \nabla_\varphi z(\varphi_\mu^o(k)) - \nabla_\varphi z(\varphi_\infty^o(k)) \| < \tau\, \varepsilon_1 \text{ für ein } \tau > 0$$

$$\text{und } \mu > n(\varepsilon_1).$$

Ferner gilt wegen Satz 7 und Satz 8

$$\| q_\mu(k) - q_\infty(k) \| < \varepsilon_2 \quad \text{bzw.} \quad \| \varrho_\mu(N) - \varrho_\infty(N) \| < \varepsilon_3$$

für $\mu > n(\varepsilon_2)$ bzw. $\mu > n(\varepsilon_3)$. Somit erhält man für ein $\varepsilon > 0$

$$\| \varrho_\mu(k) - \varrho_\infty(k) \| < \varepsilon \cdot m \quad \text{für } \mu > n(\varepsilon)$$

$m > 0$, und alle $k = 0(1)N-1$.

(q.e.d.)

Die HAMILTONfunktion des Problems (4.34), (4.35) lautet nach (4.35a)

$$H_\mu(k) = (\tilde{\varrho}_\mu(k), \tilde{f}(\varphi^o_\mu(k-1), w^o_\mu(k-1)))$$

oder

$$H_\mu(k) = (\tilde{\varrho}_\infty(k), \tilde{f}(\varphi^o_\infty(k-1), w^o_\mu(-1))) +$$

$$+ (\tilde{\varrho}_\mu(k) - \tilde{\varrho}_\infty(k), \tilde{f}(\varphi^o_\infty(k-1), w^o_\mu(k-1))) +$$

$$+ (\tilde{\varrho}_\mu(k), \tilde{f}(\varphi^o_\mu(k-1), w^o_\mu(k-1)) - \tilde{f}(\varphi^o_\infty(k-1) w^o_\mu(k-1))) \quad (4.59)$$

$$H_\mu(k) = S_{1\mu}(k) + S_{2\mu}(k) + S_{3\mu}(k) .$$

Mit Hilfe der SCHWARZschen Ungleichung und wegen Satz 8 und $\| \tilde{f}(\varphi^o_\infty, w^o_\mu) \| < K$ mit $K > 0$ erhält man

$$| S_{2\mu}(k) | \leq \| \tilde{\varrho}_\mu(k) - \tilde{\varrho}_\infty(k) \| \, \| \tilde{f}(\varphi^o_\infty(k-1), w^o_\mu(k-1)) \| < K \varepsilon \quad (4.60)$$

für $\mu > n(\varepsilon)$ und $k \leq N-1$.

Entsprechend läßt sich zeigen, daß $\{S_{3\mu}(k)\}$ eine Nullfolge bildet:

$$|S_{3\mu}(k)| \leq \| \tilde{\varrho}_\mu(k) \| \, \| \tilde{f}(\varphi^o_\mu(k-1), w^o_\mu(k-1)) - \tilde{f}(\varphi^o_\infty(k-1), w^o_\mu(k-1)) \| \quad (4.61)$$

Wegen (4.36) ist

$$|f_o(\varphi^o_\mu(k-1), w^o_\mu(k-1)) - f_o(\varphi^o_\infty(k-1), w^o_\mu(k-1)| \leq$$

$$\leq | z(\varphi^o_\mu(k-1)) - (\varphi^o_\infty(k-1)) | + | \lambda^o_\mu w^2(\varphi^o_\mu(k-1)) - \lambda^o_\mu w^2(\varphi^o_\infty(k-1)) | .$$

Da $\{\psi^o_\infty(k)\}_k$ im engeren Sinn zulässig ist, gilt nach (4.26) $w^2(\varphi^o_\infty(i)) = 0$ für alle $i \in \mathcal{N}$ und ferner wegen (4.25)

$$|\lambda^o_\mu \, w^2(\varphi^o_\mu(k-1))| < \frac{\varepsilon}{2} \quad \text{für } \mu > n_1(\tfrac{\varepsilon}{2})$$

und $z \in C^1$

$$|z(\varphi^o_\mu(k-1)) - z(\varphi^o_\infty(k-1))| < \frac{\varepsilon}{2} \text{ für } \mu > n_2(\tfrac{\varepsilon}{2}) \; .$$

Somit gilt für die erste Komponente des Vektors $\tilde{f}(\varphi^o_\mu(i), \psi^o_\mu(i))$:

$$|f_o(\varphi^o_\mu(k-1), \psi^o_\mu(k-1)) - f_o(\varphi^o_\infty(k-1), \psi^o_\mu(k-1))| < \varepsilon$$

für

$$\mu > n(\varepsilon) = \max\{n_1, n_2\}.$$

Für $\varepsilon > 0$ existiert ein $\mu > n_3(\varepsilon)$, sodaß

$$\|f(\varphi^o_\mu(k-1), \psi^o_\mu(k-1)) - f(\varphi^o_\infty(k-1), \psi^o_\mu(k-1))\| \leq$$

$$\leq \|\alpha(k-1)\| \; \|\varphi^o_\mu(k-1) - \varphi^o_\infty(k-1)\| \leq \quad k\,\varepsilon ,$$

wobei $k = n \max_{i,l} (a(k-1))_{i,l}$.

$\{\varrho_\mu(k)\}_k$ ist konvergent und somit $\|\varrho_\mu(k)\| < c_1$. Deshalb existiert ein $\varepsilon > 0$, so daß

$$|S_{3\mu}(k)| < c\,\varepsilon \tag{4.62}$$

für $c > 0$ und $\mu > \bar{n}(\varepsilon) = \max\{n, n_3\}$.

Beachtet man, daß nach (4.58) $\|\varrho_\infty(k)\| < c_2$, so läßt sich entsprechend zeigen, daß

$$|(\tilde{\varrho}_\infty(k), \tilde{f}(\varphi^o_\infty(k-1), \psi^o_\mu(k-1)) - \tilde{f}(\varphi^o_\infty(k-1), \psi^o_\infty(k-1))| < L\,\varepsilon \tag{4.63}$$

für ein $L > 0$ und $\mu > n(\varepsilon)$.

Mit (4.61), (4.62) und (4.63) ist gezeigt, daß die Folge $\{H_\mu(k)\}$ der Werte der HAMILTON-Funktionen des Näherungsproblems (4.34), (4.35) konvergiert, und es gilt

Satz 10:

$$H_{\infty}(k) = \lim_{\mu \to \infty} H_{\mu}(k) = (\tilde{\varrho}_{\infty}(k), \tilde{f}(\varphi^{o}_{\infty}(k-1), \omega^{o}_{\infty}(k-1))), \quad (4.64)$$

$$k = 0(1)N-1$$

Mit Hilfe dieses Ergebnisses kann nun bewiesen werden, daß die optimale Grenzsteuerfolge eine mit der HAMILTONfunktion (4.64) gebildete Maximumbedingung erfüllt. Es läßt sich nämlich der folgende Satz beweisen:

Satz 11:

Es gilt

$$(\tilde{\varrho}_{\infty}(k), \tilde{f}(\varphi^{o}_{\infty}(k-1), \omega^{o}_{\infty}(k-1))) =$$

$$= \max_{\omega(k-1) \in V_{k-1}} (\tilde{\varrho}_{\infty}(k), \tilde{f}(\varphi^{o}_{\infty}(k-1), \omega(k-1))), \quad (4.65)$$

$$\text{für } k = 1(1)N .$$

Beweis:

Es existiere eine im weiteren Sinne zulässige Steuerfolge $\{\omega^{o}_{1}(k)\}_{k}$ mit

$$(\tilde{\varrho}_{\infty}(k), \tilde{f}(\varphi^{o}_{\infty}(k-1), \omega^{o}_{1}(k-1)) - \tilde{f}(\varphi^{o}_{\infty}(k-1), \omega^{o}_{\infty}(k-1))) > \varepsilon > 0. \quad (4.66)$$

Es sei

$$D_{\mu}(k) = (\tilde{\varrho}_{\infty}(k), \tilde{f}(\varphi^{o}_{\infty}(k-1), \omega^{o}_{1}(k-1))) - (\tilde{\varrho}_{\mu}(k), \tilde{f}(\varphi^{o}_{\mu}(k-1), \omega^{o}_{1}(k-1)))$$

$$= (\tilde{\varrho}_{\infty}(k) - \tilde{\varrho}_{\mu}(k), \tilde{f}(\varphi^{o}_{\infty}(k-1), \omega^{o}_{1}(k-1))) +$$

$$+ (\tilde{\varrho}_{\mu}(k), \tilde{f}(\varphi^{o}_{\infty}(k-1), \omega^{o}_{1}(k-1)) - \tilde{f}(\varphi^{o}_{\mu}(k-1), \omega^{o}_{1}(k-1)))$$

Nach (4.59) - (4.62) ist mit $\omega^{o}_{\mu}(k-1) = \omega^{o}_{1}(k-1)$

$$|D_{\mu}(k)| \leq |\bar{S}_{2\mu}(k)| + |\bar{S}_{3\mu}(k)| < \frac{\varepsilon}{2} \text{ für } \mu > n_1(\tfrac{\varepsilon}{2}) \quad (4.67)$$

und aus (4.64) folgt

$$|(\tilde{\varrho}_{\mu}(k), \tilde{f}(\varphi^{o}_{\mu}(k-1), \omega^{o}_{\mu}(k-1))) - (\tilde{\varrho}_{\infty}(k), \tilde{f}(\varphi^{o}_{\infty}(k-1), \omega^{o}_{\infty}(k-1)))| < \frac{\varepsilon}{2}$$

$$\text{für } \mu > n_2(\tfrac{\varepsilon}{2}) \quad (4.68)$$

(4.66) - (4.67) liefert die Ungleichung

$$(\tilde{\varrho}_\mu(k), \tilde{f}(\varphi_\mu^o(k-1), \vartheta_1^o(k-1))) > (\tilde{\varrho}_\mu(k), \tilde{f}(\varphi_\mu^o(k-1), \vartheta_\mu^o(k-1))) =$$

$$= \max_{\vartheta(k-1) \in V_{k-1}} (\tilde{\varrho}_\mu(k), \tilde{f}(\varphi_\mu^o(k-1), \vartheta(k-1))) \text{ für alle } k .$$

Dies ist jedoch ein Widerspruch zur Definition von $\{\vartheta_\mu^o(i)\}_i$ als die optimale Steuerfolge des Problems (4.34) - (4.35). Mit Hilfe von Satz 10 erhält man schließlich die Behauptung.

(q.e.d.)

IV. 4 Zusammenfassung der Ergebnisse aus den Abschnitten IV. 1 bis IV. 3

Zunächst wurde mit Hilfe der "Methode der Straffunktionen" das Näherungsproblem (4.1) aufgestellt und gezeigt, daß für jeden Gewichtskoeffizienten $\tilde{\lambda}_\mu \in E^{l+1}$ genau eine optimale Steuerfolge $\{\vartheta_\mu^o(i)\}_i$ existiert, die im weiteren Sinn zulässig ist. Für $\{\tilde{\lambda}_\mu\} \to \infty$ konvergiert die Folge $\{\vartheta_\mu^{oP}\}$ gegen die optimale Grenzsteuerung ϑ_∞^{oP}, die nach Lemma 3.2 auch im engeren Sinn zulässig ist. Ferner zeigt das Lemma 3.5, daß diese optimale Grenzsteuerfolge $\{\vartheta_\infty^o(i)\}_i$ eine Lösung des ursprünglichen Probleme (1.12) ist, d.h.

$$L[\vartheta_\infty^{oP}] = \min_{\vartheta^P \in V^e} L[\vartheta^P] .$$

In Satz 4 wurden notwendige Bedingungen für das Näherungsproblem (4.1) aufgestellt und bewiesen, daß die Folge der Kozustandsvektoren $\{\varrho_\mu(k)\}_k$ gegen den Kozustandsvektor $\varrho_\infty(k)$ konvergiert [Satz 9], sowie daß das adjungierte System (4.57) bzw. die Transversalitätsbedingung (4.38) [vgl. Satz 8] übergehen in

$$\varrho_\infty(k) - [\Upsilon + \alpha'(k)]\varrho_\infty(k+1) - p_o \nabla_\varphi z(\varphi_\infty^o(k)) =$$

$$= p_o \sigma(\varphi_\infty^o(k)) \nabla_\varphi g(\varphi_\infty^o(k))$$

bzw.

$$\varrho_\infty(N) = p_o \sum_{i=1}^{l} \varsigma_i \nabla r_i(\varphi_\infty^o(N)).$$

Satz 11 zeigt schließlich, daß die optimale Grenzsteuerfolge die Maximum-Bedingung

$$p_o h(w^o_\infty(k-1)) + (\psi_\infty(k), \mathcal{B}(k-1) w^o_\infty(k-1)) =$$

$$= \max_{w(k-1) \in V_{k-1}} \{ p_o h(w(k-1)) + (\psi_\infty(k), \mathcal{B}(k-1) w(k-1)) \}$$

erfüllt.

Da $\{w^o_\infty(i)\}$ eine im engeren Sinn zulässige optimale Steuerfolge des Problems (1.12) ist, ist somit der Beweis für den Satz 1 erbracht.

V. Ein Verfahren zur Bestimmung optimaler Steuerfolgen

V. 1 Überblick über numerische Verfahren

Zur Zeit gibt es keine mathematische Optimierungsmethode, die alle anderen Verfahren zur Lösung von optimalen Steuerungsproblemen übertrifft. Die Vor- und Nachteile der verschiedenen Methoden sind im großen Maße von der jeweiligen Problemstellung abhängig. Aus diesem Grunde wird man bestrebt sein, schon das Lösungsverfahren optimal auszuwählen.

Die bekanntesten Verfahren zur Lösung von optimalen Steuerungsproblemen sind die "Dynamische Optimierung" und das "Maximum-Prinzip von PONTRYAGIN". Obwohl beide Lösungsmethoden eng miteinander verknüpft sind [1], sind ihre Lösungswege völlig verschieden.

1) Dynamische Optimierung [19]

Mit Hilfe des Optimalitätsprinzip von BELLMAN läßt sich die dem vorliegenden Steuerungsproblem entsprechende Funktionalgleichung aufstellen:

$$f_j^o(\varphi(j-1)) = \min_{\omega(j-1) \in V_{j-1}} \{ z(\varphi(j-1)) + h(\omega(j-1)) + f_{j+1}^o(\varphi(j)) \}, \qquad j = 1(1)N$$

mit den Nebenbedingungen

$$\varphi(j) = \varphi(j-1) + \mathfrak{A}(j-1)\varphi(j-1) + \mathfrak{B}(j-1)\,\omega(j-1), \quad \varphi(0) = \varphi_o$$

$$\varphi(j) \in X_1 \, .$$

Hierbei ist

$$f_j^o(\varphi(j-1)) = \min_{\omega(k) \in V_k} \sum_{k=j-1}^{N-1} \{ z(\varphi(k)) + h(\omega(k)) \} \qquad \begin{array}{l} 1 \leq j \leq N \\ k = j-1(1)N-1 \end{array}$$

und $f_{N+1}^o(\varphi(N)) \equiv 0$.

Versteht man unter dem Wert des N stufigen Steuerungsproblems den zugehörigen Wert der Zielfunktion, so gibt $f_j^o(\varphi(j-1))$ den Wert des zum Zeitpunkt t_{j-1} beginnenden (N-j+1)-stufigen Steuerungsproblems mit der optimalen Steuerfolge

$$\{\varphi_k^o(x(k))\}_{k = j-1(1)N-1}$$

an, wobei

$$\varphi_{j-1}^o(x(j-1))$$

eine solche Steuerung ist, die das Minimum der Funktion

$$w_{j-1}(x(j-1), u(j-1)) = z(x(j-1)) + h(u(j-1)) + f_{j+1}^o(x(j))$$

liefert. Wie das Optimalitätsprinzip von BELLMAN zeigt, ist der Wert von $f_j^o(x(j-1))$ nur von $x(j-1)$ und nicht von der vorausgegangenen Steuerfolge $\{u(k)\}_{k=0(1)j-2}$ abhängig.

Da die Zustände des Steuerungsproblems in allen Zeitpunkten unbekannt sind, bevor das Steuerungsproblem vollständig gelöst ist, erscheint die Funktionalgleichung bei der Lösung des N-stufigen Steuerungsproblems zunächst nicht zweckmäßig. Die Dynamische Optimierung löst diesen scheinbaren Widerspruch in zwei Schritten:

1) Zunächst werden die Funktionen $f_j^o(x(j-1))$ für alle $x(j-1) \in X_1$, $j = 1(1)N$, beginnend mit $j = N$ berechnet und die Steuerungen $\varphi_k^o(x(k))$, $k = 0(1)N-1$, bestimmt. Man erhält somit den optimalen Wert der Zielfunktion

$$L^o[u^P] = f_1^o(x(0)).$$

2) Anschließend berechnet man mit Hilfe von

$$u^o(k) = \varphi_k^o(x^o(k))$$

und

$$x^o(k+1) = x^o(k) + \mathfrak{A}(k)x^o(k) + \mathfrak{B}(k)u^o(k) \qquad k = 0(1)N-1$$

für $x^o(0) = x(0)$ die optimale Steuerfolge

$$\{u^o(k)\}_k$$

des Steuerungsproblems.

Damit erkennt man aber auch die Schwäche dieses Verfahrens. Wenn nicht eine Methode angewendet wird, die die Zahl der möglichen Zustände des Problems einschränkt, so wächst die Anzahl der Rechengänge mit jeder Zustandsvariablen in beträchtlicher Größe. Da für jeden zulässigen Wert der Zustandsvariablen der optimale Ertrag $\{z(\varphi)+h(\varphi)\}$ und die zugehörige Steuerung berechnet werden müssen, wächst die Gesamtzahl der Rechenoperationen exponentiell. Aus diesem Grunde wird die Dimension des Steuerungsproblems, das mit Hilfe der Dynamischen Optimierung gelöst werden soll, durch die Speicherkapazität des zur Lösung verwendeten Computers bestimmt. Die Beschränkung auf Probleme niedriger Dimension liegt jedoch nicht allein in der begrenzten Speicherkapazität der heutigen Digitalrechner. Selbst wenn es möglich wäre, genügend Speicherplatz zur Verfügung zu stellen, verbleibt eine grundsätzliche Beschränkung durch die benötigte Rechenzeit.

Die Dynamische Optimierung eignet sich eher für Probleme, deren Variablen auf diskrete Werte beschränkt sind, als auf solche, deren Variablen kontinuierlich zugelassen sind. Um solche Probleme zu lösen, werden die zulässigen Bereiche durch eine geeignete, endliche Anzahl diskreter Werte approximiert (Gitterpunkte). J.a. hängt die Wahl dieser Gitterpunkte von den Besonderheiten des zu lösenden Problems, den erreichbaren Rechenerleichterungen und der gewünschten Genauigkeit der Lösung ab.

Die Vorteile der Dynamischen Optimierung bestehen darin, daß dieses Verfahren auch auf solche Probleme anwendbar ist, für die der Übergang vom Zustand $\varphi(j)$ nach $\varphi(j+1)$ nur schwierig mit Hilfe von Differenzengleichungen darzustellen ist. Ferner ist durch das Vorgehen dieses Verfahrens immer gewährleistet, unabhängig von der Form der Zielfunktion und wenn man von Interpolationsfehlern absieht, daß die konstruierte optimale Steuerung eine <u>globale</u> optimale Steuerung ist.

Eine große Schwierigkeit bei der direkten Anwendung des Maximum-Prinzips bildet die Lösung des Randwertproblems, das durch das System der Zustandsgleichungen und des adjungierte System entsteht, weil im allgemeinen Fall nur ein Teil der Randbedingungen zur Verfügung steht . Aus diesem Grunde wurden in den letzten Jahren Näherungsmethoden entwickelt, die diese Schwierigkeiten umgehen und einen rechnerischen Algorithmus zur Lösung optimaler Steuerungsprobleme liefern.
Im folgenden werden die wichtigsten Lösungsverfahren kurz skizziert:

2) Direkte Methoden

Das Ziel der <u>direkten Methoden</u> [10,11] besteht darin, das optimale Steuerungsproblem in ein gewöhnliches Extremwertproblem umzuwandeln. Dies geschieht dadurch, daß man die zu bestimmende Steuerung etwa durch eine Liniearkombination von geeignet gewählten Funktionen approximiert. Nach Substitution dieses Ausdruckes in die Zielfunktion und die vorliegenden Nebenbedingungen liegt ein Optimierungsproblem zur Bestimmung der unbekannten Koefizienten der Linearkombination vor.

3) Indirekte Methoden

Die indirekten Methoden [12,13] benutzen zur Lösung optimaler Steuerungsprobleme das Maximum Prinzip [vgl. Satz 1]. Die Maximum Bedingung liefert für jeden Zeitpunkt t_k die optimale Steuerung in Abhängigkeit des Zustandsvektors $\varphi(k)$ und des Kozustandsvektors $\rho(k+1)$. Durch Einsetzen dieser Steuerung in das System der Zustandsgleichungen (1.18) und in das adjungierte System (1.19) erhält man (2n+2) homogene Gleichungen, für die ebensoviele Randbedingungen bekannt sein müssen. Da mit $\tilde{\varphi}(0) = \tilde{\varphi}_0$ (n+1) Bedingungen nach Voraussetzung gegeben sind, könnte bei Kenntnis der (n+1) Bedingugen $\tilde{\rho}(N)$ das vorliegende System von Differenzengleichungen gelöst werden. Der Vektor $\tilde{\rho}(N)$ wird durch die Transversalitätsbedingung bestimmt, die durch die Endbedingung festgelegt ist, denen der Zustandsvektor $\tilde{\varphi}(N)$ unterworfen ist. Da jedoch in den Transversalitätsbedingungen eine Anzahl unbekannter Parameter auftritt, können sie nicht unmittelbar als Randbedingungen herangezogen werden. Mit Hilfe von geometrischen Überlegungen wird aus diesem Grunde eine Funktion der Randbedingung konstruiert, die bei dem gesuchten Wert der Randbedingung ein Extremum annimmt. Liegen keine Endbedingungen bezüglich des Zustandes $\varphi(N)$ vor, so lautet die Transversalitätsbedingung $\rho(N) = 0$. Für diesen Fall kann die optimale Steuerfolge, vorausgesetzt die Steuerung läßt sich explizit als Funktion von $\varphi(k)$ und $\rho(k)$ mit Hilfe der Maximum Bedingung bestimmen, durch direkte Lösung des Systems von Differenzengleichung bestimmt werden.

4) Methoden des stärksten Abstiegs

Andere wirkungsvolle Methoden sind die "Methoden des stärksten Abstieges" oder kurz "Gradientenverfahren" [10,17]. Der Grundgedanke besteht darin, von einer Anfangssteuerung ω_0^P zu einer folgenden Steuerung ω_1^P im Steuerungsraum so fortzuschreiten, daß die Fortschreitungsrichtung möglichst in Richtung des Gradienten der Zielfunktion weist. Diese Verfahren haben den Vorteil, daß sie bei konvexen Problemen gegen das absolute Minimum konvergieren, und die Konvergenz nicht von der gewählten Anfangssteuerung abhängt.

Im nächsten Abschnitt wird ein Algorithmus zur Lösung des vorliegenden diskreten, optimalen Steuerungsproblems angewendet, der in der mathematischen Optimierung als "Verfahren der zulässigen Richtungen" bekannt ist [14].

V. 2 Die Lösung eines diskreten, optimalen Steuerungsproblems mit Hilfe der konvexen Optimierung

Ein Verfahren zur Lösung von diskreten, optimalen Steuerungsproblemen wird für folgendes Problem angegeben:

Es sei $z(\varphi)$, $g(\varphi)$, $h(\omega) \in C^1$, $z(\varphi)$ und $g(\varphi)$ konvex, sowie $h(\omega)$ streng konvex *). Ferner seien die konvexen Funktionen $s_j(\omega)$, $j = 1(1)m$, gegeben.
Man bestimme eine Steuerfolge $\{\omega^o(i)\}_i$ so, daß

$$L[\omega^P] = \sum_{i=o}^{N-1} \{z(\varphi(i))+h(\omega(i))\} = \min! \tag{5.1}$$

ist, unter den zusätzlichen Nebenbedingungen

a) $\varphi(i+1) = [\mathcal{I} + \mathcal{A}(i)]\varphi(i) + \mathcal{B}(i)\omega(i), \; \varphi(0) = \varphi_o, \; i \in \mathfrak{N}$ (5.1a)

b) $\omega(i) \in V^1 = \{\omega \mid s_j(\omega) \leq 0, \; j = 1(1)m\}; \quad i \in \mathfrak{N}$ (5.1b)

c) $\varphi(i) \in X_1 = \{\varphi \mid g(\varphi) \leq 0\}; \quad i \in \mathfrak{N}$ (5.1c)

d) $\varphi(N) \in R = \{\varphi \mid r_k(\varphi) = 0, \; r_k \text{ linear}, \; k \in \mathfrak{L}\}$ (5.1d)

$$R \cap X_1 \neq \emptyset$$

Satz:

Das optimale Steuerungsproblem (5.1a - d)

$$L[\omega^{oP}] = \min_{\omega^P \in V^e} L[\omega^P]$$

besitzt genau eine optimale Steuerfolge.

---

*) Fordert man nicht die Eindeutigkeit der optimalen Steuerfolge, so reicht die Konvexität von $h(\omega)$ aus.

Beweis:

Zunächst wird bewiesen, daß $V^e = V_1^P \cap V_2^P$ konvex ist. Es seien w_1^P, w_2^P zwei Steuerungen mit

$$w_i^P \in V_2^P = \{ w^P | g(\varphi(k)) \leq 0; \varphi(N) \in R \text{ für alle } k \in \mathcal{N} \}; \; i = 1,2$$

und $\{\varphi_i(k)\}_k$, i = 1,2, die zugehörigen Trajektorien, d.h. es ist

$$g(\varphi_i(k)) \leq 0, \quad r_j(\varphi(N)) = 0, \; i = 1,2,; \; k \in \mathcal{N}, \; j \in \mathcal{L}.$$

Bildet man die neue Steuerung $w_\alpha^P = \alpha w_1^P + (1-\alpha) w_2^P$, $0 \leq \alpha \leq 1$, so erhält man wegen (4.12) die zugehörige Trajektorie zu $\varphi_\alpha(k) = \alpha \varphi_1(k) + (1-\alpha)\varphi_2(k)$. Aus der Konvexität von $g(\varphi)$ und der Linearität von $r_j(\varphi)$ folgt

$$g(\alpha \varphi_1(k) + (1-\alpha)\varphi_2(k)) \leq \alpha \, g(\varphi_1(k)) + (1-\alpha) g(\varphi_2(k)) \leq 0$$

$$r_j(\alpha\varphi_1(N) + (1-\alpha)\varphi_2(N)) = \alpha \, r_j(\varphi_1(N)) + (1-\alpha) r_j(\varphi_2(N)) = 0$$

für alle $k \in \mathcal{N}$ und $j \in \mathcal{L}$. Damit ist $w_\alpha^P \in V_2^P$ und deshalb V_2^P konvex. Da nach Voraussetzung V_1^P konvex ist, folgt sofort wegen $V^e = V_1^P \cap V_2^P$ die Behauptung.

Seien w_1^{oP}, w_2^{oP} im engeren Sinn zulässig, und es gelte

$$L[w_1^{oP}] = L[w_2^{oP}] = \min_{w^P \in V^e} L[w^P].$$

Nach Voraussetzung ist L streng konvex. Somit ist

$$L[\alpha w_1^P + (1-\alpha) w_2^P] < \alpha \, L[w_1^P] + (1-\alpha) L[w_2^P] = \min_{w^P \in V^e} L[w^P]$$

Da $\alpha w_1^P + (1-\alpha) w_2^P$ im engeren Sinn zulässig ist, erhält man einen Widerspruch zur Annahme. (q.e.d.)

Bemerkung:

Gibt man das Zielgebiet in der Form

$$R_1 = \{ \varphi \,|\, r_k(\varphi) \leq 0, \; k = 1(1)l < n, \; r(\varphi) \text{ konvex} \}$$

vor, so ist V^e ebenfalls konvex und es existiert genau eine optimale Steuerfolge.

Zur Konstruktion einer im engeren Sinn zulässigen optimalen Steuerfolge wird das Näherungsproblem

$$L[\omega_\mu^{oP}, \tilde{\lambda}_\mu] = \min_{\omega^P \in V_1^P} L[\omega^P, \tilde{\lambda}_\mu] \tag{5.2}$$

für eine Folge von Werten der Gewichtskoeffizienten $\tilde{\lambda}_\mu$ gelöst. Benutzt man als Straffunktionen

$$w^2(\varphi) = \frac{1}{2}\mathcal{H}(g(\varphi))\, g^2(\varphi)$$

bzw. (5.3)

$$d_k^2(\varphi) = \frac{1}{2}\, r_k^2(\varphi)\,,$$

so lautet die gewichtete Zielfunktion

$$L[\omega^P, \tilde{\lambda}] = \sum_{i=o}^{N-1} \{z(\varphi(i)) + h(\omega(i)) + \frac{1}{2}\lambda^o \mathcal{H}(g(\varphi))g^2(\varphi)\} + \frac{1}{2}\sum_{k=1}^{1} \lambda^k\, r_k^2(\varphi) \quad .^{*)} \tag{5.4}$$

Hierbei ist $\mathcal{H}(g(\varphi))$ die sogenannte HEAVISIDEsche Funktion

$$\mathcal{H}(g(\varphi)) = \begin{cases} 1 & \text{für} \quad g(\varphi) > 0 \\ 0 & \text{für} \quad g(\varphi) \leqq 0 \end{cases} \quad . \tag{5.5}$$

Wie man zeigen kann, ist wegen den gemachten Voraussetzungen $L[\omega^P, \tilde{\lambda}] \in C^1$ und konvex.

Wegen (5.1b) ist eine Steuerfolge $\{\omega(i)\}_i$ genau dann im weiteren Sinne zulässig, wenn die N·m Nebenbedingungen

$$s_j(\omega(i)) \leqq 0, \; j = 1(1)m, \; i \in \mathcal{H} \tag{5.6}$$

erfüllt sind. Führt man die Vektoren

$$\mathcal{s}_i = \begin{pmatrix} s_1(\omega(i)) \\ \vdots \\ s_m(\omega(i)) \end{pmatrix} \in E^m \text{ und } \quad q^P = \begin{pmatrix} \mathcal{s}_o \\ \vdots \\ \mathcal{s}_{N-1} \end{pmatrix} \in E^{mN}$$

ein, so erhält man die Nebenbedingungen (5.1b) in der Form

---

*) Im folgenden wird der Index μ weggelassen

$g^P(w^P) \leqq 0$. Damit ist das Problem (5.1) übergeführt in das nichtlineare, konvexe Optimierungsproblem

$$\min\{ L[w^P, \tilde{\lambda}] \mid g^P(w^P) \leqq 0\} \quad . \tag{5.7}$$

Zur Bestimmung des Gradienten der Zielfunktion (5.3) im Steuerungsraum V kann man folgendermaßen vorgehen:

es sei $\Delta w(k)$ die Variation der Steuerung $w(k)$ im Zeitpunkt t_k, $\bar{\varphi}(k)$ die zu der Steuerung

$$\bar{w}(k) = w(k) + \varepsilon \Delta w(k), \quad k \in \mathfrak{N}$$

gehörende Trajektorie. Der Variation der Steuerung $w(k)$ entspricht dann die Änderung

$$\bar{\varphi}(k) - \varphi(k) = \varepsilon \Delta \varphi(k) + \mathcal{O}(\varepsilon)$$

der Trajektorie $\varphi(k)$ mit

$$\Delta \varphi(k) = [\mathcal{E} + \mathfrak{A}(k)] \Delta \varphi(k-1) + \mathfrak{B}(k-1) \Delta w(k-1), \quad k = 1(1)N, \tag{5.8}$$

und $\Delta \varphi(0) = 0$.
Die Änderung der Zielfunktion $L[w^P, \tilde{\lambda}]$ beim Übergang von der Steuerfolge $\{w(k)\}_k$ zur Steuerfolge $\{\bar{w}(k)\}_k$ beträgt

$$L[\bar{w}^P, \tilde{\lambda}] - L[w^P, \tilde{\lambda}] = \varepsilon \Delta L[w^P, \tilde{\lambda}] + \text{Glieder höherer Ordnung}.$$

Damit gilt in 1. Näherung

$$\Delta L[w^P, \tilde{\lambda}] = \frac{1}{2} \Delta \sum_{k=1}^{l} \lambda^k r_k^2(\varphi(N)) + \Delta \sum_{i=o}^{N-1} \{ z(\varphi(i)) + h(w(i)) + \frac{1}{2} \lambda^o \mathfrak{X}(g(\varphi(i)) g^2(\varphi(i))\}$$

oder

$$\begin{aligned}\Delta L[w^P, \tilde{\lambda}] = & \sum_{k=1}^{l} \lambda^k r_k(\varphi(N)) (\nabla_\varphi r_k(\varphi(N)), \Delta\varphi(N)) \\ & + \sum_{i=o}^{N-1} \{(\nabla_\varphi z(\varphi(i)), \Delta \varphi(i)) + (\nabla_w h(w(i)), \Delta w(i)) \\ & + \lambda^o \mathfrak{X}(g(\varphi(i)) g(\varphi(i)) (\nabla_\varphi g(\varphi(i)), \Delta \varphi(i))\}. \end{aligned} \tag{5.9}$$

Nach (4.36) lautet mit $p_o = -1$ die HAMILTONfunktion

$$H(i+1) = -\{x_o(i) + z(\varphi(i)) + h(\omega(i)) + \frac{1}{2}\lambda^o \chi(g(\varphi(i)))g^2(\varphi(i))\}$$
$$+ (\rho(i+1), \varphi(i) + \mathfrak{A}(i)\varphi(i) + \mathfrak{B}(i)\omega(i)), \quad i \in \mathcal{N}. \tag{5.10}$$

Für das adjungierte System bzw. die Transversalitätsbedingung ergibt sich

$$\rho(i) - [\mathcal{I} + \mathfrak{A}'(i)]\rho(i+1) + \nabla_\varphi z(\varphi(i)) = -\lambda^o \chi(g(\varphi(i))g(\varphi(i))\nabla_\varphi g(\varphi(i)) \tag{5.11}$$

bzw.

$$\rho(N) = -\sum_{k=1}^{l} \lambda^k r_k(\varphi(N))\nabla_\varphi r_k(\varphi(N)). \tag{5.12}$$

Aus (5.9) folgt

$$\nabla_\omega h(\omega(i)) = \mathfrak{B}'(i)\rho(i+1) - \nabla_\omega H(i+1), \quad i \in \mathcal{N}. \tag{5.13}$$

Damit erhält man mit (5.8)

$$\Delta L[\omega^P, \tilde{\lambda}] = -(\rho(N), \Delta\varphi(N)) + \sum_{i=o}^{N-1} (\mathfrak{B}'(i)\rho(i+1) - \nabla_\omega H(i+1), \Delta\omega(i))$$
$$+ \sum_{i=o}^{N-1} ([\mathcal{I} + \mathfrak{A}'(i)]\rho(i+1) - \rho(i), \Delta\omega(i))$$

$$\Delta L[\omega^P, \tilde{\lambda}] = -(\rho(N), \Delta\varphi(N)) - \sum_{i=o}^{N-1} (\rho(i), \Delta\varphi(i)) - \sum_{i=o}^{N-1} (\nabla_\omega H(i+1), \Delta\omega(i))$$
$$+ \sum_{i=o}^{N-1} (\rho(i+1), [\mathcal{I} + \mathfrak{A}'(i)]\Delta\varphi(i) + \mathfrak{B}(i)\Delta\omega(i)) \tag{5.14}$$

und schließlich

$$\Delta L[\omega^P, \tilde{\lambda}] = (\nabla_\omega L[\omega^P, \tilde{\lambda}], \Delta\omega^P) = -\sum_{i=o}^{N-1} (\nabla_\omega H(i+1), \Delta\omega(i)). \tag{5.15}$$

Setzt man

$$\mathfrak{g}(i) = -\nabla_\omega H(i+1) = \nabla_\omega h(\omega(i)) - \mathfrak{B}'(i)\rho(i+1), \quad i \in \mathcal{N}, \tag{5.16}$$

so sind die Komponenten von $\mathfrak{g}(i)$ genau die Komponenten des Gradienten der gewichteten Zielfunktion (5.3) im Zeitpunkt t_i, bzw. der Vektor

$$\mathfrak{g}^P = (\mathfrak{g}'(0), \mathfrak{g}'(1), \ldots, \mathfrak{g}'(N-1))' \tag{5.17}$$

ist der Gradient von (5.3) im Steuerungsraum V^P.

Der Zuwachs der Zielfunktion beträgt somit

$$\Delta L[w^P, \tilde{\lambda}] = \sum_{i=0}^{N-1} (g(i), \Delta w(i)) = (g^P, \Delta w^P). \qquad (5.18)$$

Die Berechnung des Gradienten g^P bei vorgegebener Steuerfolge $\{w(i)\}_i$ erfolgt in 2 Schritten:

1) mit Hilfe des Systems der Zustandsgleichungen und $\varphi_0 = \varphi(0)$ bestimmt man die zugehörige Trajektorie $\{\varphi(i)\}_i$.

2) man löst das adjungierte System (5.11) rückwärts mit der Anfangsbedingung

$$\psi(N) = -\sum_{k=1}^{l} \lambda^k r_k(\varphi(N)) \nabla_\varphi r_k(\varphi(N)) \qquad (5.19)$$

und bildet die Folge der Kozustandsvektoren $\{\psi(i)\}_i$.

Mit Hilfe von (5.16) lassen sich dann die Komponenten des Gradienten in jedem Zeitpunkt t_i berechnen.

Die "Methode der zulässigen Richtung" zur Lösung des konvexen Optimierungsproblem verläuft folgendermaßen:

w_k^P sei eine im weiteren Sinne zulässige Steuerung, die auf dem Rande des zulässigen Bereichs liegt, d.h. es gilt $g^P(w_k^P) = 0$. Dann konstruiert man eine Richtung v_k^P so, daß folgende Bedingungen erfüllt sind:

1) die Steuerung

$$w_{k+1}^P = w_k^P + t_k v_k^P \in V_1^P \qquad (5.20)$$

sei im weiteren Sinne zulässig für eine gewisse Schrittweite $t_k > 0$,

2) die Zielfunktion $L[w^P, \tilde{\lambda}]$ verringere ihren Wert längs v_k^P, d.h. $v_k^P \in V_1^P$ ist so zu wählen, daß

$$L[w_k^P + t_k v_k^P, \tilde{\lambda}] - L[w_k^P, \tilde{\lambda}] = \varepsilon \, \Delta L[w_k^P, \tilde{\lambda}] + \ldots < 0$$

Diese Bedingung ist erfüllt, wenn

$$(g^P(w_k^P), v_k^P) < 0 . \qquad (5.21)$$

Definition 10:

Eine Richtung v_k^P heißt zulässig, wenn die Bedingung (5.20) erfüllt ist; sie heißt brauchbar, wenn (5.21) gilt. Eine brauchbare und zulässige Richtung heißt brauchbar zulässig.

Bemerkung 1: Im folgenden wird der obere Index P bei w_k^P, v_k^P etc. weggelassen.

Definition 11:

Es seien

$$\mathcal{J}(w_k) = \{ i \mid q_i(w_k) = 0 \}, \tag{5.22}$$

$$\mathcal{L}(w_k) = \{ l \; q_l(w_k) = (a_l, w_k) - b_l = 0 \} \tag{5.23}$$

und

$$\mathcal{R}(w_k) = \{ v \mid (\nabla_w q_i(w_k), v) < 0, \quad i \in \mathcal{J}(w_k)$$
$$(\nabla_w q_l(w_k), v) \leqq 0, \; l \in \mathcal{L}(w_k) \} . \tag{5.24}$$

Zur Bestimmung der besten, brauchbar zulässigen Richtung v_k für die Steuerung w_k ist also das lineare Optimierungsproblem (LO)

$$\min \{ z'(v) = (g(w_k), v) \mid \quad v \in \mathcal{R}(w_k) \} \tag{5.25}$$

zu lösen.

An Stelle dieses LO-Problems kann man auch das Maximum Problem

$$\max \{ z'(v) = -z'(v) = -(g(w_k), v) \mid v \in \mathcal{R}(w_k) \} \tag{5.26}$$

betrachten. Um die "<" Bedingungen in " ≦ " Bedingungen umzuwandeln, wird eine zusätzliche Variable δ hinzugefügt und die Menge

$$\mathcal{R}'(w_k) = \{ (v, \delta)/(\nabla_w q_i(w_k), v) + \delta \leqq 0; \quad i \in \mathcal{J}(w_k)$$
$$(\nabla_w q_l(w_k), v) \leqq 0; \; l \in \mathcal{L}(w_k) \} \tag{5.27}$$

gebildet. Da jedoch $\mathcal{R}(w_k)$ bzw. $\mathcal{R}'(w_k)$ unbeschränkt sind, muß eine zusätzliche Normierung durchgeführt werden.

ZOUTENDIJK schlägt dafür z.B. folgende zusätzliche Nebenbedingungen vor:

N_1 : $\lambda \leqq 1$ für nichtlineare Nebenbedingungen q_i mit $i \in \mathfrak{J}(\mathfrak{w}_k)$ (5.28)

N_2 : $-(\mathfrak{g}(\mathfrak{w}_k), \mathfrak{r}) \leqq 1$ für lineare Nebenbedingungen q_l mit $l \in \mathfrak{L}(\mathfrak{w}_k)$ (5.29)

Führt man den erweiterten Vektor $(\mathfrak{r}, \delta)$ ein und beachtet, daß er nur dann brauchbar zulässig ist, wenn

$$(\mathfrak{g}(\mathfrak{w}_k), \mathfrak{r}) + \delta \leqq 0$$

gilt, so lautet das LO - Problem zur Bestimmung der besten, brauchbar zulässigen Richtung

$$\max\{ \delta \,|\, (\mathfrak{r}, \delta) \in \mathfrak{R}'(\mathfrak{w}_k), (\mathfrak{g}(\mathfrak{w}_k), \mathfrak{r}) + \delta \leqq 0;\ N_1,\ N_2 \}. \quad (5.30)$$

Irgendein Vektor $(\mathfrak{r}, \delta) \in \mathfrak{R}'(\mathfrak{w}_k)$ mit $\delta > 0$ liefert eine brauchbar zulässige Richtung, da für $\delta > 0$ sowohl

$$(\nabla_{\mathfrak{w}} q_i(\mathfrak{w}_k), \mathfrak{r}) < 0, \ i \in \mathfrak{J}(\mathfrak{w}_k), \text{ und } (\mathfrak{g}(\mathfrak{w}_k), \mathfrak{r}) < 0$$

erfüllt sind.

Bemerkung 2:

Es können zwei Sonderfälle auftreten:

a) in einem Iterationsschritt ist die Menge $\mathfrak{J}(\mathfrak{w}_k)$ leer, d.h. $\mathfrak{w}_k$ liegt nur auf einem von Hyperebenen gebildeten Teil des Randes von V_1,

b) der zulässige Steuerbereich V_1 wird durch ein konvexes Polyeder gebildet.

In beiden Fällen lautet dann das LO - Problem zur Bestimmung der besten, brauchbar zulässigen Richtung im Steuerpunkt $\mathfrak{w}_k$:

$$\min\{ z(\mathfrak{r}) = (\mathfrak{g}(\mathfrak{w}_k), \mathfrak{r}) \,|\, \mathfrak{r} \in \mathfrak{R}(\mathfrak{w}_k);\ -(\mathfrak{g}(\mathfrak{w}_k), \mathfrak{r}) \leqq 1 \}. \quad (5.31)$$

Ein $\mathfrak{r} \in \mathfrak{R}(\mathfrak{w}_k)$ mit $(\mathfrak{g}(\mathfrak{w}_k), \mathfrak{r}) < 0$ ist eine brauchbar zulässige Richtung. Erhält man ein $\mathfrak{r}_k$ mit $z(\mathfrak{r}_k) = (\mathfrak{g}(\mathfrak{w}_k), \mathfrak{r}_k) = 0$, so ist $\mathfrak{w}_k$ die gesuchte optimale Steuerung.

Bemerkung 3:

Ist w_k kein Randpunkt des zulässigen Steuerbereiches, so ist die beste, brauchbar zulässige Richtung identisch mit dem negativen Gradienten $\mathfrak{g}(w_k)$ der Zielfunktion.

Es sei nun v_k die zu w_k gehörende optimale Fortschreitungerichtung. Setzt man

$$w_{k+1} = w_k + t_k v_k \ , \tag{5.32}$$

so hat man die Schrittweite t_k so zu bestimmen, daß entweder

a) $w_{k+1} = w_k + t_1 v_k$ ein Randpunkt des zulässigen Steuerbereiches ist, d.h.

$$t_1 = \min_{t>o} \{ t \mid s_j(w_k(i)+tv_k(i)) = 0; \quad i \in \mathcal{N}, \quad j = 1(1)m \} \tag{5.33}$$

oder

b) w_{k+1} durch

$$L[w_k+t_2 v_k, \tilde{\lambda}] = \min_{t>o} L[w_k+t v_k, \tilde{\lambda}] \tag{5.34}$$

festgelegt wird.

Um sicherzustellen, daß die Steuerung w_{k+1} auch wieder im weiteren Sinn zulässig ist, muß

$$t_k = \min \{t_1, t_2\} \tag{5.35}$$

Zur Bestimmung von t_2 ist das zusätzliche Steuerungsproblem zu lösen

$$L[t_2, \tilde{\lambda}] = L[w_k+t_2 v_k, \tilde{\lambda}] = \min_{t>o} L[w_k+t v_k, \tilde{\lambda}] \ , \tag{5.36}$$

wobei

$$L[w_k+t v_k, \tilde{\lambda}] = \frac{1}{2} \sum_{k=1}^{l} \lambda^k r_k^2(\varphi_t(N)) + \sum_{i=o}^{N-1} \{ z(\varphi(i)) + $$

$$+ \frac{1}{2} \lambda^o \chi(g(\varphi_t(i))) g^2(\varphi_t(i)) + h(w_k(i)+t v_k(i)) \}.$$

Hierbei ist $\{\mathfrak{x}_t(i)\}_i$ die zur Steuerfolge $\{\mathfrak{w}_k(i)+t\mathfrak{v}_k(i)\}$ gehörende Trajektorie. Setzt man diese Steuerfolge in (5.10) bis (5.12) ein, so erhält man die zu (5.36) gehörenden HAMILTONfunktion, das adjungierte System und die Transversalitätsbedingung.
Da $\mathfrak{w}_k$ und $\mathfrak{v}_k$ bekannt sind, ist (5.36) ein eindimensionales Extremwertproblem. Da $L[\mathfrak{w},\tilde{\lambda}]$ konvex ist, gilt

$$L[\mathfrak{w}_k,\tilde{\lambda}] \geqq L[\mathfrak{w}_k+t\mathfrak{v}_k,\tilde{\lambda}] - t\,(\nabla_{\mathfrak{w}} L[\mathfrak{w}_k+t\mathfrak{v}_k,\tilde{\lambda}],\mathfrak{v}_k). \quad (5.37)$$

Setzt man

$$\gamma(t) = -(\nabla_{\mathfrak{w}} L[\mathfrak{w}_k+t\mathfrak{v}_k,\tilde{\lambda}],\mathfrak{v}_k)\,, \quad (5.38)$$

so nimmt $L[\mathfrak{w}_k+t\mathfrak{v}_k,\tilde{\lambda}]$ für $t > 0$ genau dann ein Minimum an, wenn

$$\gamma(t) = 0 \quad .$$

Mit (5.15), (5.16) ergibt sich

$$\gamma(t) = \sum_{i=o}^{N-1} \{(\mathfrak{B}'(i)\mathfrak{p}(i+1),\mathfrak{v}_k(i))-(\nabla_{\mathfrak{w}} h(\mathfrak{w}_k(i)+t\mathfrak{v}_k(i)),\mathfrak{v}_k(i))\} \quad (5.39)$$

<u>Lemma</u>:

Das Steuerungsproblem (5.34) besitzt genau eine, nicht notwendig zulässige, optimale Steuerfolge.

Beweis:

Aus (5.39) erhält man

$$\dot{\gamma}(t) = -\sum_{i=o}^{N-1} \{(\nabla_{\mathfrak{w}}(\nabla_{\mathfrak{w}} h(\mathfrak{w}_k(i)+t\mathfrak{v}_k(i)))\mathfrak{v}_k(i),\mathfrak{v}_k(i))\}\,.$$

Da $h(\mathfrak{w})$ nach Voraussetzung streng konvex ist, ist die Matrix $\nabla_{\mathfrak{w}}(\nabla_{\mathfrak{w}} h(\mathfrak{w}_k(i)+t\mathfrak{v}_k(i)))$ für alle $i\in\mathfrak{N}$ positiv definit, d.h.

$$(\mathfrak{v}_k(i),\nabla_{\mathfrak{w}}(\nabla_{\mathfrak{w}} h(\mathfrak{w}_k(i)+t\mathfrak{v}_k(i)))\mathfrak{v}_k(i)) > 0,\ i\in\mathfrak{N} \quad ,$$

woraus folgt, daß $\dot{\gamma}(t) < 0$ ist.
Unter der Annahme, daß die Steuerfolge $\{\mathfrak{w}_k(i)\}_i$ nicht optimal bzgl. (5.34) ist, existiert eine brauchbar zulässige Richtung $\mathfrak{v}_k$, d.h. es ergibt sich wegen (5.21)

$$-(\mathfrak{g}(\mathfrak{w}_k),\mathfrak{v}_k) = \sum_{i=0}^{N-1} \{(\mathfrak{B}'(i)\mathfrak{g}(i+1),\mathfrak{v}_k(i))-(\nabla_{\mathfrak{w}} h(\mathfrak{w}_k(i),\mathfrak{v}_k(i))\} = \gamma(0)>0.$$

Da $\gamma(t)$ streng monoton fallend und $\gamma(0) > 0$ ist, existiert genau ein $t_2 > 0$ mit $\gamma(t_2) = 0$ und

$$L[\mathfrak{w}_k+t_2\mathfrak{v}_k,\tilde{\lambda}] = \min_{t>0} L[\mathfrak{w}_k+t\mathfrak{v}_k,\tilde{\lambda}].$$

$\{\mathfrak{w}_k(i)+t_2\mathfrak{v}_k(i)\}_i$ ist die optimale Steuerfolge von (5.34), jedoch kann der Fall $t_2 > t_1$ auftreten, so daß diese Steuerfolge nicht mehr im weiteren Sinn zulässig ist. (q.e.d.)

In der Praxis wird man bei der Bestimmung der Schrittlänge im Punkt $\mathfrak{w}_k$ sinnvoller Weise so vorgehen, daß man t_1 nach (5.33) bestimmt und folgende Fallunterscheidung vornimmt:

a) gilt $\gamma(t_1) \geqq 0$, so wählt man als Schrittweite $t_k = t_1$. Die Steuerung $\mathfrak{w}_{k+1}$ liegt auf dem Rand des zulässigen Steuerbereiches V_1^P,

b) gilt $\gamma(t_1) < 0$, so liegt $\mathfrak{w}_{k+1}$ im Innern des zulässigen Steuerbereiches. Da in den meisten Fällen eine grobe Bestimmung der Nullstelle von $\gamma(t)$ hinreichend ist, wird man zweckmäßigerweise folgendes Verfahren anwenden:

man unterteile das Intervall $0 < t \leqq t_1$, durch eine Anzahl von äquidistante Teilpunkte $t_\nu = \nu\Delta t$ und berechne $\gamma(t_\nu)$ für alle ν. Anschließend wähle man t_2 so, daß $\gamma(t_2) = \min_t |\gamma(t_\nu)|$.

<u>Bemerkung 4</u>:

Wie ZOUTENDIJK [14] gezeigt hat, erhält man durch eine spezielle Normierung [vgl. (5.28) bzw. (5.29)] das "Verfahren der projizierten Gradienten" von ROSEN [18]. Dieses Verfahren eignet sich besonders dann zur Lösung optimaler diskreter Steuerungsprobleme, wenn der zulässige Steuerungsbereich V_1^P in der Form

$$|v_i(k)| \leqq c_k; \quad k \in \mathfrak{N} \quad ; \; i = 1(1)r \qquad (5.40)$$

gegeben ist. In diesem Fall schreite man in Richtung des Gradienten $\mathfrak{g}$ fort und suche das Minimum der Zielfunktion in dieser Richtung. Ist die zulässige Steuerung $\bar{\mathfrak{w}}$ nicht zulässig, so sind nur die Komponenten von $\bar{\mathfrak{w}}$ zu bestimmen, die

(5.40) nicht erfüllen. Sie sind entweder der oberen oder unteren Grenze von (5.40) gleichzusetzen.

Bei Lösung des Steuerungsproblems mit Hilfe eines Gradientenverfahrens treten zwei grundlegende Schwierigkeiten auf:

1) die Konvergenz des Verfahrens ist zu Beginn der Iterationen recht gut, verschlechtert sich jedoch bei Annäherung an den optimalen Wert;

2) durch Anwendung der Methode der Straffunktionen treten die zusätzlichen Koeffizienten $\tilde{\lambda}$ auf, die wie die Konvergenz in (IV.2) gezeigt hat, hinreichend groß gewählt werden müssen. Aus diesem Grunde ist es notwendig, das Problem (5.7)wiederholt mit verschiedenen $\tilde{\lambda}$ -Werten zu berechnen oder während des Rechenprozesses diese Werte solange zu variieren, bis eine vorgegebene Genauigkeit bezüglich der Nebenbedingungen (5.1c), (5.1d) sowie bezüglich der Zielfunktion erreicht ist.

Eine Konvergenzbeschleunigung kann entweder mit Hilfe quadratischer Interpolation zur Bestimmung des **Minimums** der Zielfunktion bei vorgegebener Gradientenrichtung oder mit Hilfe des sogenannten "konjugierten Gradientenverfahrens" [17] erreicht werden. Dazu bestimme man

1) in jedem Punkt $\mathfrak{w}_k$ des Steuerungsprogramms den Gradienten

$$\mathfrak{g}_k = \mathfrak{g}(\mathfrak{w}_k),$$

2) die konjugierte Gradientenrichtung

$$\mathfrak{r}_k = \mathfrak{g}_k + \tau_{k-1}\,\mathfrak{r}_{k-1}$$

mit

$$\tau_{k-1} = \begin{cases} \dfrac{(\mathfrak{g}_k, \mathfrak{g}_k)}{(\mathfrak{g}_{k-1}, \mathfrak{g}_{k-1})} & \text{für } k > 1 \\ 0 & \text{für } k = 1 \end{cases} \qquad (5.41)$$

3) Anschließend benutze man diese neue Fortschreitungsrichtung und berechne

$$\mathfrak{w}_{k+1} = \mathfrak{w}_k - t_k\,\mathfrak{r}_k.$$

Wie leicht zu erkennen ist, gilt $\mathfrak{g}_o = \mathfrak{r}_c$, d.h. der erste Iterationsschritt führt in Richtung des stärksten Abstiegs.

Fehlereinschließung:

Da $L[\omega, \tilde{\lambda}]$ konvex ist, gilt, wenn ω_k die k-te iterierte Steuerung ist,

$$0 \leq L[\omega_k, \tilde{\lambda}] - L[\omega^0, \tilde{\lambda}] \leq (\nabla_\omega L[\omega_k, \tilde{\lambda}], \omega_k) - (\nabla_\omega L[\omega_k, \tilde{\lambda}], \omega^0).$$

Damit erhält man wegen (5.2)

$$0 \leq L[\omega_k, \tilde{\lambda}] - \min_{\omega \in V^1} L[\omega, \tilde{\lambda}] = \max_{\omega \in V^1} \{ L[\omega_k, \tilde{\lambda}] - L[\omega, \tilde{\lambda}] \} \leq$$

$$\max_{\omega \in V^1} \{ (\nabla_\omega L[\omega_k, \tilde{\lambda}], \omega_k) - (\nabla_\omega L[\omega_k, \tilde{\lambda}], \omega) \} \leq$$

$$(\nabla_\omega L[\omega_k, \tilde{\lambda}], \omega_k) - \min_{\omega \in V^1} (\nabla_\omega L[\omega_k, \tilde{\lambda}], \omega)$$

oder

$$L[\omega_k, \tilde{\lambda}] - (\nabla_\omega L[\omega_k, \tilde{\lambda}], \omega_k) + \min_{\omega \in V^1} (\nabla_\omega L[\omega_k, \tilde{\lambda}], \omega)$$

$$\leq \min_{\omega \in V^1} L[\omega, \tilde{\lambda}] \leq L[\omega_k, \tilde{\lambda}] . \qquad (5.42)$$

Zur Einschließung des Fehlers muß demnach in jedem Iterationsschritt zusätzlich ein konvexes Optimierungsproblem gelöst werden, wobei die Koeffizienten der linearen Zielfunktion mit den Komponenten des Gradienten von $L[\omega, \tilde{\lambda}]$ in ω_k identisch sind.

VI. Ein numerisches Beispiel

Im folgenden wird das optimale Steuerungsproblem gelöst:

Man bestimme die optimale Steuerfolge von

$$L[\mathscr{v}] = \sum_{i=0}^{9} \{ 0,4x_2^2(i) + 0,2v^2(i) \} = \min! \tag{6.1}$$

unter den Bedingungen

a) $x_1(i+1) = x_1(i) + 0,2x_2(i)$

$x_2(i+1) = x_2(i) + 0,2v(i)$; $\varphi(0) = \binom{-1}{2}$

$i = 0(1)9$

b) $-2,5 \leqq v(i) \leqq 3,0$ $i = 0(1)9$

c) $g(\varphi(i)) = [x_1(i)+0,5]^2 - x_2(i) \leqq 0$ $i = 1(1)9$

d) $r(\varphi(10)) \equiv x_1(10) + 2x_2(10) - 8 = 0$

<u>Bemerkung:</u>

Dieses Steuerungsproblem kann als Diskretisierung des kontinuierlichen Problems betrachtet werden:

$$L = \int_0^T [2x_2^2(t) + v^2(t)] \, dt = \min!$$

unter den Bedingungen

a) $\dot{x}_1 = x_2(t)$

$\dot{x}_2 = v(t)$ $\varphi_0 = \binom{-1}{2}$

sowie

b) $-2,5 \leqq v(t) \leqq 3,0$ für alle $t \in [0,T]$

c) $g(\varphi) = [x_1(t) + 0,5]^2 - x_2(t) \leqq 0$

d) $r(\varphi(T)) \equiv x_1(T) + 2x_2(T) - 8 = 0$

Die Zielfunktion des Näherungsproblems $P[\tilde{\lambda}]$ (4.14) lautet dann

$$L[\mathscr{v}, \tilde{\lambda}] = \sum_{i=0}^{9} \{ 0,4x_2^2(i) + 0,2v^2(i) + \tfrac{1}{2}\lambda^0 \varkappa(g(\varphi(i)))[(x_1(i)+0,5)^2 - x_2(i)]^2 \} + \tfrac{1}{2}\lambda^1[x_1(10) + 2x_2(10) - 8]^2 \, , \tag{6.2}$$

sowie das adjungierte System bzw. die Transversalitätsbedingungen

$$p_1(i)-p_1(i+1) = -2\lambda^0\varkappa(g(\varphi(i)))g(\varphi(i))(x_1(i)+0{,}5)$$

$$p_2(i)-0{,}2p_1(i+1)-p_2(i+1)+0{,}8x_2(i) = \lambda^0\varkappa(g(\varphi(i))g(\varphi(i)) \qquad i = 1(1)9 \tag{6.3}$$

bzw.

$$p_1(10) = -\lambda^1[x_1(10)+2x_2(10)-8]$$
$$p_2(10) = -2\lambda^1[x_1(10+2x_2(10)-8]. \tag{6.4}$$

Die Lösung des adjungierten Systems erhält man zu

$$\mathfrak{p}(i) = -\lambda^1 r(\varphi(10)\begin{pmatrix}1 & 0\\ (N-i-1)0{,}2 & 1\end{pmatrix}\cdot\begin{pmatrix}1\\2\end{pmatrix} -$$

$$-\sum_{k=9}^{i+1}\left\{\begin{pmatrix}1\\(k-i-1)\cdot 0{,}2\end{pmatrix}\cdot\begin{pmatrix}0 & 0\\ 1 & 0{,}8x_2(k)\end{pmatrix} +\right.$$

$$\left.+\lambda^0\varkappa(g(\varphi(k)))g(\varphi(k))\begin{pmatrix}1 & 0\\ (k-i-1)\cdot 0{,}2 & 1\end{pmatrix}\begin{pmatrix}2(x_1(k)+0{,}5\\ -1\end{pmatrix}\right\} \tag{6.5}$$

oder

$$p_2(i) = -\lambda^1 r(\varphi(10)[(N-i-1)\cdot 0{,}2-2] - \sum_{k=9}^{i+1}\{0{,}16x_2(k) +$$

$$+ 0{,}2\lambda^0\varkappa(g\varphi(k)))g(\varphi(k))[0{,}4(k-i-1)(x_1(k)+0{,}5)-1]\} \tag{6.6}$$

Mit Hilfe der HAMILTONfunktion H(i+1) (5.10) erhält man die Komponenten g(k) des Gradienten $\mathfrak{g}\in E^{10}$ *) im Steuerungsraum zu

---

*) Im folgenden wird der Gradient g mit

$$\nabla L' = (\nabla L_0, \nabla L_1, \ldots, \nabla L_9)$$

bezeichnet.

$$\nabla L_k = 0{,}4v(k) - 0{,}2\ p_2(k+1)\ ; \qquad k \in \mathcal{N}$$

bzw. mit (5)

$$\nabla L_k = 0{,}4v(k)+0{,}4\ \lambda^1(1{,}9-0{,}1k)(x_1(10+2x_2(10)-8)+ \sum_{i=9}^{k+1} \{0{,}16x_2(i)+$$

$$+0{,}2\ \lambda^0 \mathcal{H}(g(\varphi(i))[(x_1(i)+0{,}5)^2-x_2(i)][0{,}4(i-k-1)(x_1(i)+0{,}5)-1]\}$$

$$k = 0(1)8$$

$$\nabla L_9 = 0{,}4v(9) + 0{,}4\ \lambda^1[x_1(10) + 2x_2(10)-2]$$

1. Lösung des Problems (1), wenn V* = V, d. h. es liegen keine Nebenbedingungen vor:

In diesem Fall kann die optimale Steuerfolge mit Hilfe des Maximum-Prinzips explizit angegeben werden.
Wegen (3) und (4) erhält man das adjungierte System und die Transversalitätsbedingungen zu

$$\left.\begin{aligned} p_1(i) - p_1(i+1) &= 0 \\ p_2(i) - 0{,}2p_1(i+1) - p_2(i+1) + 0{,}8x_2(i) &= 0 \end{aligned}\right\} ;\quad i = 1(1)9$$

bzw.

$$p_1(10) = p_2(10) = 0$$

Somit ist also

$$p_1(i) \equiv 0$$

$$p_2(i+1) = p_2(i) + 0{,}8x_2(i);\ p_2(10) = 0 \qquad (6.7)$$

Die zugehörige HAMILTONfunktion lautet

$$H(i+1) = -0{,}2v^2(i)+0{,}2v(i)p_2(i+1); \qquad i = 0(1)9$$

und wegen des Maximum-Prinzips ist

$$v^0(i) = \frac{1}{2}\ p_2(i+1);\quad i = 0(1)9. \qquad (6.8)$$

Setzt man (6.8) in das System der Zustandsgleichungen (6.1a) ein, so ergibt sich die optimale Steuerfolge sowie die optimale Trajektorie als Lösung des linearen Differenzengleichungssystem

$$x_1(i+1) = x_1(i) + 0{,}2x_2(i)$$

$$x_2(i+1) = \quad 1{,}08x_2(i) + 0{,}1p_2(i)$$

$$p_2(i+1) = \quad 0{,}8x_2(i) + p_2(i)$$

mit den Randbedingungen

$$x_1(0) = -1; \quad x_2(0) = 2; \quad p_2(10) = 0$$

zu $v^o(i) = 0{,}011537\cdot(1{,}325657)^i - 3{,}241282\cdot(0{,}754343)^i$

bzw.

$$\varphi^o(i) = \begin{pmatrix}0{,}614859\\0\end{pmatrix} + \begin{pmatrix}0{,}005768\\0{,}009392\end{pmatrix} 1{,}325657^i + \begin{pmatrix}-1{,}620628\\1{,}990607\end{pmatrix} 0{,}754343^i .$$

Der optimale Wert der Zielfunktion ist

$$L[\varphi^o, \tilde{0}] = 6{,}459481 .$$

Für i = 0(1)9 erhält man somit die Steuerungen und die Komponenten des Zustandsvektors in den Zeitpunkten t_i:

i	v(i)	$x_1(i)$	$x_2(i)$	$g(\varphi(i))$ $r(\varphi(10))$
0	-2,429740	-1,000000	2,000000	-1,750000
1	-1,824120	-0,600000	1,514052	-1,504052
2	-1,364428	-0,297190	1,149228	-1,108096
3	-1,013891	-0,067344	0,876342	-0,689151
4	-0,744657	0,107924	0,673564	-0,303992
5	-0,534597	0,242637	0,524671	0,026839
6	-0,367497	0,347571	0,417751	0,300626
7	-0,229796	0,431122	0,344252	0,522736
8	-0,110479	0,499972	0,298293	0,701652
9	0,000000	0,559631	0,276197	0,846620
10		0,614870	0,276197	-6,832736

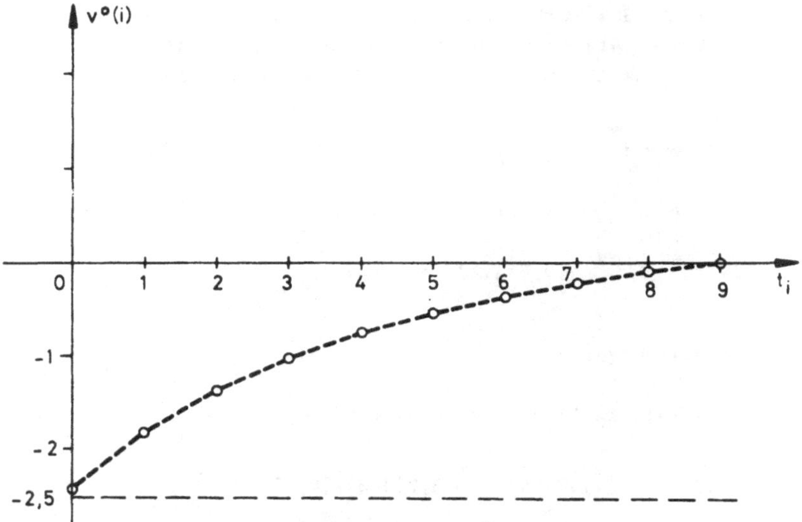

Abb. 1: Optimale Steuerung für $V^e = V$

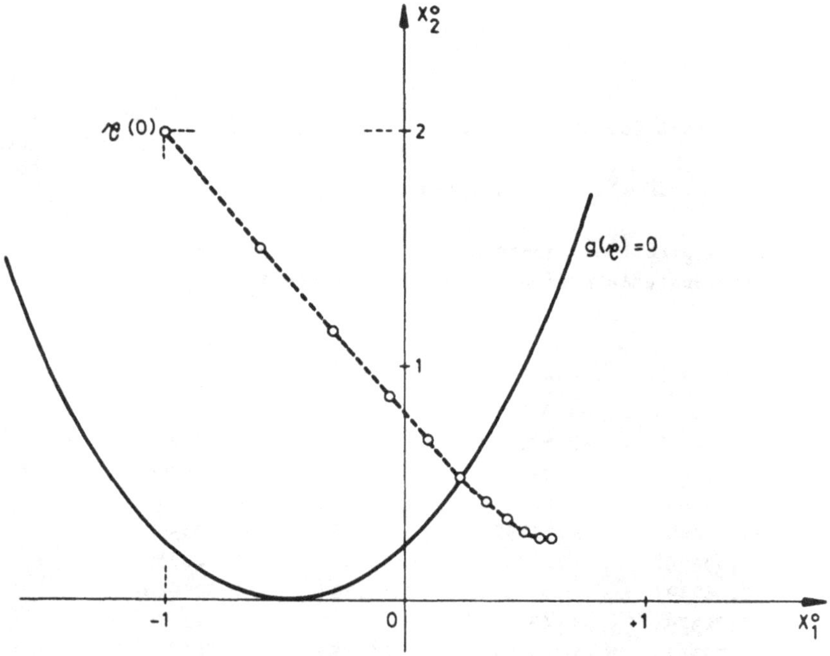

Abb. 2: Optimale Trajektorie $\{x^\circ(i)\}_i$ im Zustandsraum für $V^e = V$

2. Lösung des Problems (1)

Das Problem (1) wurde mit Hilfe der Methode der Straffunktionen für die $\tilde{\lambda}$-Werte $\lambda^0, \lambda^1 = 5, 10^2, 10^3, 10^4, 10^5, 10^6$ mit Hilfe des Verfahrens der projizierten Gradienten gelöst. Eine deutliche Konvergenzbeschleunigung wurde durch die Anwendung der konjugierten Gradientenrichtung (5.41) erzielt. Wendet man die Fehlereinschließung (5.42) an, so muß in jedem Iterationsschritt ein zusätzliches lineares Optimierungsproblem gelöst werden. Im Falle, daß die Nebenbedingungen in der einfachen Gestalt (5.40) vorliegen und die Dimension des Steuerungsproblems hinreichend klein ist, wird es von Vorteil sein, das Optimum der linearen Zielfunktion durch Enumeration der Eckpunkte des durch (5.40) gebildeten Hyperquaders zu bestimmen, anstatt etwa das Simplexverfahren anzuwenden.

In (IV.2) wurde gezeigt, daß die Folge $\{\wp_\mu^{oP}\}$ der optimalen Steuerungen der Steuerungsprobleme $L[\wp^P, \tilde{\lambda}_\mu]$ konvergiert. Auf Grund dieser Eigenschaft kann als Startwert für das Problem

$$\min_{\wp^P \in V^1} L[\wp^P, \tilde{\lambda}_i]$$

die optimale Steuerung des Problems

$$\min_{\wp^P \in V^1} L[\wp^P, \tilde{\lambda}_k], \quad \lambda_i^s > \lambda_k^s, \; s = O(1)l,$$

gewählt werden, wodurch eine weitere Konvergenzbeschleunigung erzielt wird.

Optimale Steuerung und optimale Trajektorie für $\lambda^0, \lambda^1 = 5$

Iterat. schritt	k	$v(k)$	$x_1(k)$	$x_2(k)$	$g(\tau(k))$ $r(\varphi(10))$
	0	1,000000	-1,000000	2,000000	
	1	1,000000	-0,600000	2,200000	
	2	1,000000	-0,160000	2,400000	
	3	1,000000	0,320000	2,600000	
	4	1,000000	0,840000	2,800000	
0.	5	1,000000	1,400000	3,000000	
	6	1,000000	2,000000	3,200000	
	7	1,000000	2,640000	3,400000	
	8	1,000000	3,320000	3,600000	
	9	1,000000	4,040000	3,800000	
	10		4,800000	4,000000	

Wert der Zielfunktion: L = 1231,719563

Iterat. schritt	k	v(k)	$x_1(k)$	$x_2(k)$	$g(\psi(k))$ $r(\psi(10))$
	0	-1,384490	-1,000000	2,000000	-1,750000
	1	-1,036235	-0,600000	1,723102	-1,713102
	2	-0,687797	-0,255379	1,515855	-1,456016
	3	-0,339172	0,047791	1,378295	-1,078220
	4	0,009637	0,323450	1,310461	-0,632390
1.	5	0,352427	0,585543	1,312388	-0,133985
	6	0,663676	0,848020	1,382874	0,434285
	7	0,908524	1,124595	1,515609	1,123700
	8	1,030301	1,427717	1,697314	2,018778
	9	0,942213	1,767179	1,903364	3,236729
	10		2,147854	2,091816	-1,668513

Wert der Zielfunktion: L = 58,479191

	0	-2,500000	-1,000000	2,000000	-1,750000
	1	-2,180195	-0,600000	1,500000	-1,490000
	2	-1,488728	-0,300000	1,063961	-1,023961
	3	-0,655787	-0,087208	0,766215	-0,595818
5.	4	0,137872	0,066035	0,635058	-0,314662
	5	0,953322	0,193047	0,662632	-0,182318
	6	1,731692	0,325573	0,853297	-0,171725
	7	2,371887	0,496232	1,199635	-0,207156
	8	2,879161	0,736160	1,674012	-1,459217
	9	3,000000	1,070962	2,249845	0,218078
	10		1,520931	2,849845	-0,779380

Wert der Zielfunktion: L = 17,272935

	0	-2,500000	-1,000000	2,000000	-1,750000
	1	-2,145549	-0,600000	1,500000	-1,490000
	2	-1,225771	-0,300000	1,070890	-1,030890
	3	-0,517058	-0,085822	0,825736	-0,654193
	4	0,108465	0,079325	0,722325	-0,386707
10.	5	0,755968	0,223790	0,744017	-0,220145
	6	1,504632	0,372594	0,895211	-0,133791
	7	2,396425	0,551636	1,196137	-0,090200
	8	3,000000	0,790863	1,675423	-0,009094
	9	3,000000	1,125948	2,275423	0,368284
	10		1,581032	2,875423	-0,668122

Wert der Zielfunktion: L = 17,045984

	0	-2,500000	-1,000000	2,000000	-1,750000
	1	-2,081021	-0,600000	1,500000	-1,490000
	2	-1,244018	-0,300000	1,083796	-1,043796
	3	-0,538315	-0,083241	0,834992	-0,661304
20.	4	0,117893	0,083758	0,727329	-0,386556
	5	0,785358	0,229223	0,750908	-0,219141
	6	1,527185	0,379405	0,907980	-0,134626
	7	2,407848	0,561001	1,213417	-0,087694
	8	3,000000	0,803684	1,694986	0,004606
	9	3,000000	1,142681	2,294986	0,403416
	10		1,601679	2,894986	-0,608349

Wert der Zielfunktion: L = 17,028458

30.	0	-2,500000	-1,000000	2,000000	-1,750000
	1	-2,066423	-0,600000	1,500000	-1,490000
	2	-1,256578	-0,300000	1,086715	-1,046715
	3	-0,546561	-0,082657	0,835400	-0,661225
	4	0,120151	0,084423	0,726088	-0,384537
	5	0,796392	0,229640	0,750118	-0,217743
	6	1,535869	0,379664	0,909396	-0,135587
	7	2,397840	0,561543	1,216570	-0,089696
	8	3,000000	0,804857	1,696138	0,006515
	9	3,000000	1,144085	2,296138	0,406878
	10		1,603313	2,896138	-0,604410

Wert der Zielfunktion: L = 17,028228

0	-2,500000	-1,000000	2,000000	-1,750000
1	-2,066504	-0,600000	1,500000	-1,490000
2	-1,256114	-0,300000	1,086699	-1,046699
3	-0,546213	-0,082660	0,835476	-0,661304
4	0,119991	0,084435	0,726234	-0,384669
5	0,795794	0,229682	0,750232	-0,217796
6	1,535262	0,379728	0,909391	-0,135469
7	2,397550	0,561606	1,216443	-0,089435
8	3,000000	0,804895	1,695953	0,006798
9	3,000000	1,144086	2,295953	0,407065
10		1,603276	2,895953	-0,604818

Optimaler Wert der Zielfunktion: $L[\omega^{op}, \tilde{\lambda}] = 17,028227$

Fehlereinschließung: $17,028223 \leq L[\omega^{op}, \tilde{\lambda}] \leq 17,028227$

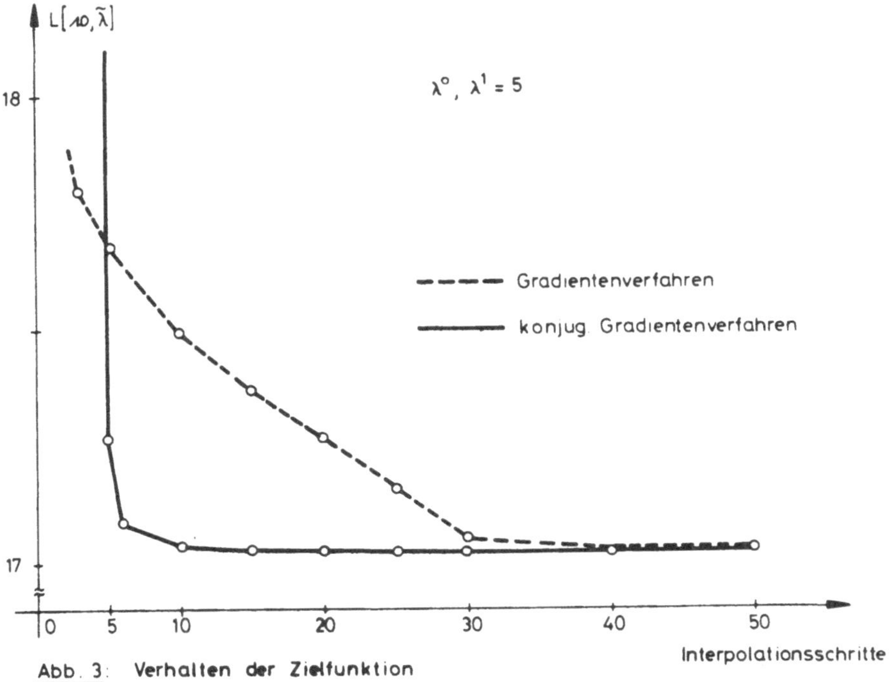

Abb. 3: Verhalten der Zielfunktion

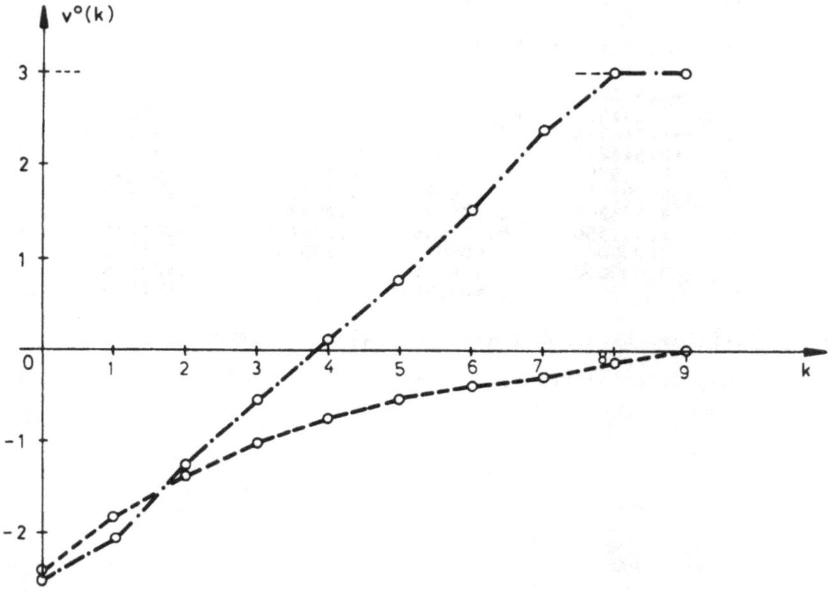

Abb. 4: Optimale Steuerfolge $\{v^{o}(k)\}_{k}$ im Steuerungsraum für $\lambda^{o}, \lambda^{1} = 0$ (— — — —); 5 (—·—·—)

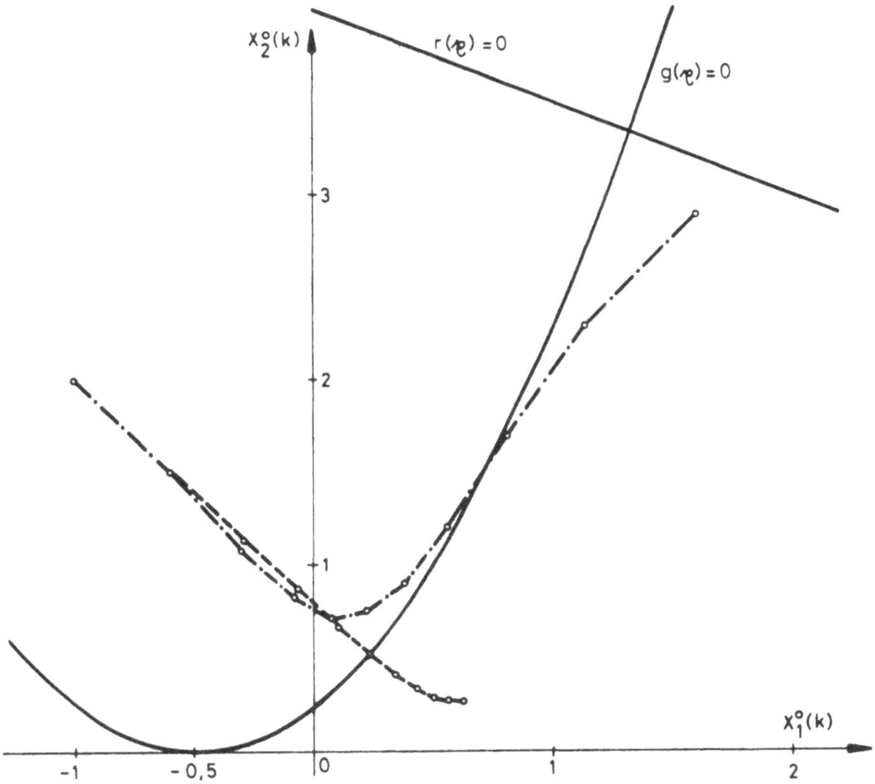

Abb. 5: Optimale Trajektorie $\{\mathfrak{x}^o(k)\}_k$ im Zustandsraum
für $\lambda^o, \lambda^1 = 0$(— — — —); 5(—·—)

Optimale Steuerung und optimale Trajektorie für $\lambda^0, \lambda^1 = 10^2$

Iterat. schritt	k	v(k)	$x_1(k)$	$x_2(k)$	$g(\varphi(k))$ $r(\varphi(10))$
	0	0,000000	-1,000000	2,000000	
	1	0,000000	-0,600000	2,000000	
	2	0,000000	-0,200000	2,000000	
	3	0,000000	0,200000	2,000000	
0.	4	0,000000	0,600000	2,000000	
	5	0,000000	1,000000	2,000000	
	6	0,000000	1,400000	2,000000	
	7	0,000000	1,800000	2,000000	
	8	0,000000	2,200000	2,000000	
	9	0,000000	2,600000	2,000000	
	10		3,000000	2,000000	

Wert der Zielfunktion: L = 5034,745031

	0	-1,244677	-1,000000	2,000000	-1,750000
	1	-1,041532	-0,600000	1,751065	-1,741065
	2	-0,838388	-0,249787	1,542758	-1,480152
	3	-0,635243	0,058765	1,375081	-1,062863
1.	4	-0,432098	0,333781	1,248032	-0,552841
	5	-0,233150	0,583387	1,161612	0,012115
	6	-0,061302	0,815710	1,114982	0,616109
	7	0,061172	1,038706	1,102722	1,264894
	8	0,102737	1,259250	1,114956	1,980006
	9	0,020980	1,482242	1,135504	2,793779
	10		1,709343	1,139700	-4,011258

Wert der Zielfunktioh: L = 1498,269743

	0	-2,500000	-1,000000	2,000000	-1,750000
	1	-2,267733	-0,600000	1,500000	-1,490000
	2	-1,320892	-0,300000	1,046534	-1,006543
	3	-0,374616	-0,090709	0,782275	-0,614756
	4	0,571356	0,065746	0,707352	-0,387784
5.	5	1,506638	0,207216	0,821623	-0,321468
	6	2,255264	0,371541	1,122808	-0,363315
	7	2,705132	0,596120	1,573951	-0,372471
	8	2,698980	0,910911	2,114978	-0,124309
	9	1,856870	1,333906	2,654773	0,708438
	10		1,864861	3,026147	-0,082844

Wert der Zielfunktion: L = 42,995983

	0	-2,500000	-1,000000	2,000000	-1,750000
	1	-2,498392	-0,600000	1,500000	-1,490000
	2	-1,857798	-3,000000	1,000322	-0,960322
	3	-0,668745	-0,099936	0,628762	-0,468711
	4	0,518289	0,025817	0,495013	-0,218530

Iterat.-schritt	k	$v(k)$	$x_1(k)$	$x_2(k)$	$g(\varphi(k))$ $r(\varphi(10))$
	5	1,696067	0,124819	0,598671	-0,208272
10.	6	2,692311	0,244554	0,937884	-0,383524
	7	3,000000	0,432130	1,476347	-0,607480
	8	3,000000	0,727400	2,076347	-0,569837
	9	2,388841	1,142669	2,676347	0,022015
	10		1,677938	3,154115	-0,013832

Wert der Zielfunktion: L = 19,245073

Iterat.-schritt	k	$v(k)$	$x_1(k)$	$x_2(k)$	$g(\varphi(k))$ $r(\varphi(10))$
	0	-2,500000	-1,000000	2,000000	-1,750000
	1	-2,483497	-0,600000	1,500000	-1,490000
	2	-1,777102	-0,300000	1,003301	-0,963301
	3	-0,661347	-0,099340	0,647880	-0,487352
	4	0,440728	0,030236	0,515611	-0,234460
20.	5	1,544587	0,133358	0,603756	-0,202613
	6	2,537766	0,254110	0,912674	-0,343992
	7	3,000000	0,436644	1,420207	-0,542904
	8	3,000000	0,720686	2,020207	-0,530133
	9	2,712942	1,124727	2,620207	0,019531
	10		1,648768	3,162795	-0,025642

Wert der Zielfunktion: L = 18,971916

Iterat.-schritt	k	$v(k)$	$x_1(k)$	$x_2(k)$	$g(\varphi(k))$ $r(\varphi(10))$
	0	-2,500000	-1,000000	2,000000	-1,750000
	1	-2,471373	-0,600000	1,500000	-1,490000
	2	-1,682133	-0,300000	1,005725	-0,965725
	3	-0,643390	-0,098855	0,669299	-0,508381
30.	4	0,370297	0,035005	0,540621	-0,254391
	5	1,395398	0,143129	0,614680	-0,201065
	6	2,377647	0,266065	0,893759	-0,306904
	7	3,000000	0,444817	1,369289	-0,476610
	8	3,000000	0,718675	1,969289	-0,484121
	9	3,000000	1,112532	2,569289	0,030972
	10		1,626390	3,169289	-0,035032

Wert der Zielfunktion: L = 18,790118

Iterat.-schritt	k	$v(k)$	$x_1(k)$	$x_2(k)$	$g(\varphi(k))$ $r(\varphi(10))$
	0	-2,500000	-1,000000	2,000000	-1,750000
	1	-2,493399	-0,600000	1,500000	-1,490000
	2	-1,651980	-3,000000	1,001320	-0,961320
	3	-0,628445	-0,099736	0,670924	-0,510713
50.	4	0,365475	0,034449	0,545235	-0,259600
	5	1,373977	0,143496	0,618330	-0,204243
	6	2,366668	0,267162	0,893126	-0,304588
	7	3,000000	0,445787	1,366459	-0,471946
	8	3,000000	0,719079	1,966459	-0,480306
	9	3.000000	1,112371	2,566459	0,033280
	10		1,625662	3,166459	-0,041419

Wert der Zielfunktion: L = 18,784241

Iterat. schritt	k	v(k)	$x_1(k)$	$x_2(k)$	$g(\varphi(k))$ $r(\varphi(10))$
	0	-2,500000	-1,000000	2,000000	-1,750000
	1	-2,500000	-0,6000000	1,500000	-1,490000
	2	-1,622079	-3,000000	1,000000	-0,960000
	3	-0,616886	-0,100000	0,675584	-0,515584
	4	0,338957	0,035117	0,552207	-0,265857
	5	1,321919	0,145558	0,619998	-0,203253
	6	2,410624	0,269558	0,884382	-0,292163
	7	3,000000	0,446434	1,366507	-0,470769
	8	3,000000	0,719736	1,966507	-0,478752
	9	3,000000	1,113037	2,566507	0,035382
	10		1,626338	3,166507	-0,040648

Optimaler Wert der Zielfunktion: $L[\varphi^{oP}, \tilde{\lambda}] = 18,781967$

Fehlereinschließung: $18,781953 \leq L[\varphi^{oP}, \tilde{\lambda}] \leq 18,781967$

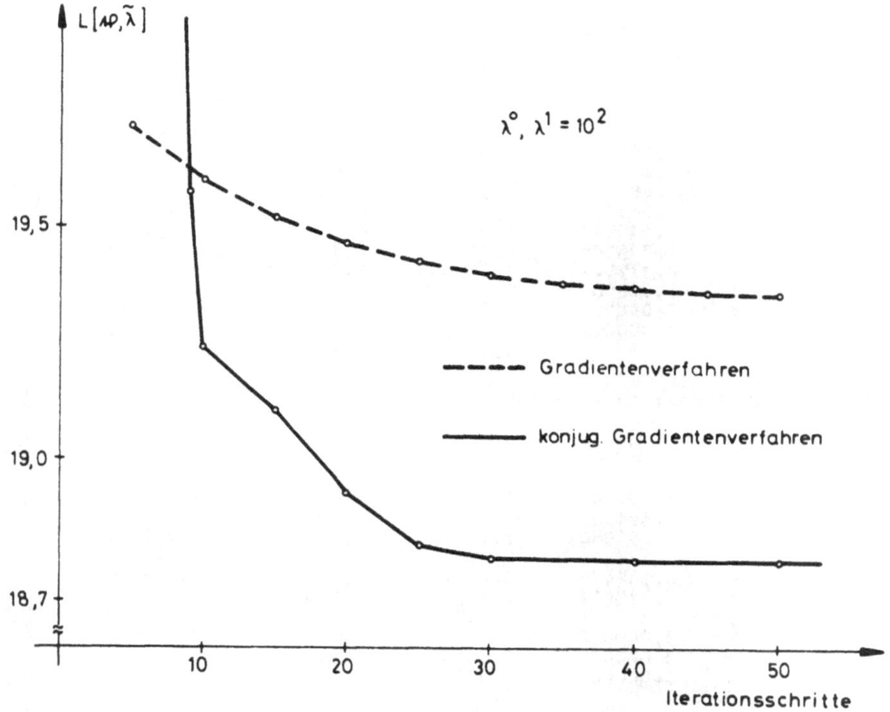

Abb. 6: Verhalten der Zielfunktion

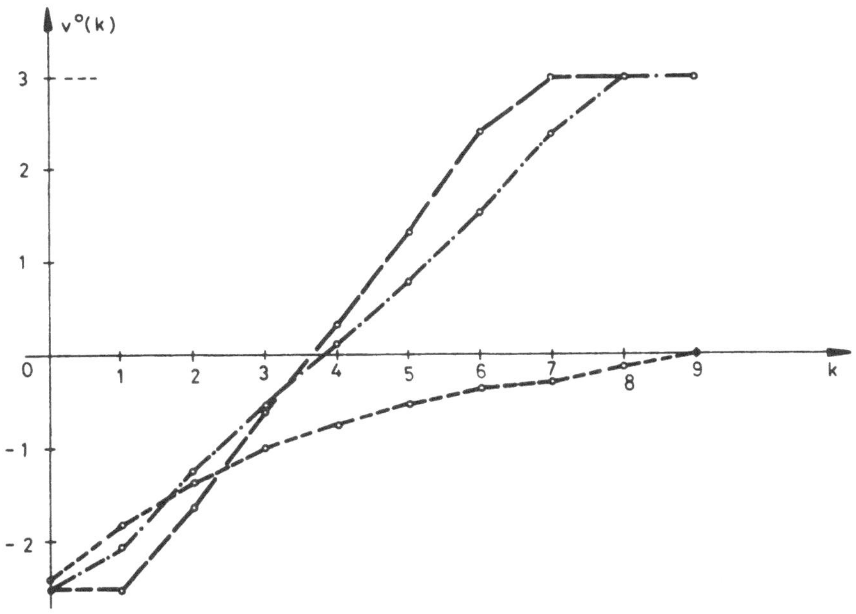

Abb. 7: Optimale Steuerfolgen $\{v^o(k)\}_k$ im Steuerungsraum V
für $\lambda^o, \lambda^1 = 0$(------); 5(—·—); 10^2(— —)

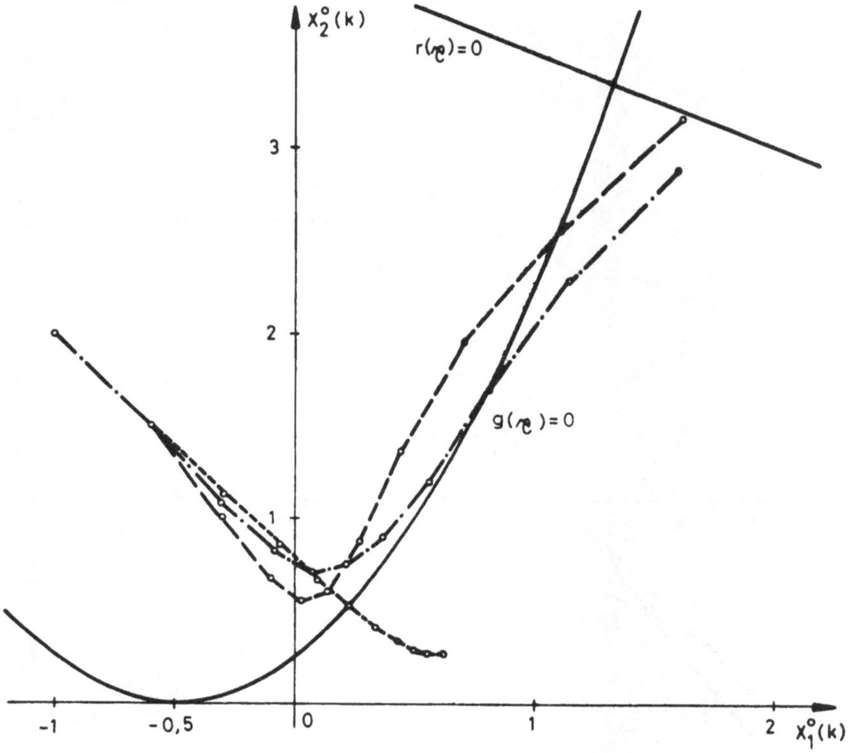

Abb. 8: Optimale Trajektorie $\{\mathfrak{r}^o(k)\}_k$ im Zustandsraum für $\lambda^o, \lambda^1 = 0$(– – – –); 5(— · —); 10^2(— — —)

Optimale Steuerung und optimale Trajektorie für $\lambda^0, \lambda^1 = 10^3$

Iterat. schritt	k	v(k)	$x_1(k)$	$x_2(k)$	$g(\varphi(k))$ $r(\varphi(10))$
	0	-2,500000	-1,000000	2,000000	
	1	-2,500000	-0,600000	1,500000	
	2	-1,622079	-3,000000	1,000000	
	3	-0,616886	-1,000000	0,675584	
0.	4	0,338957	0,035117	0,552207	
	5	1,321919	0,145558	0,619998	
	6	2,410624	0,269558	0,884382	
	7	3,000000	0,446434	1,366507	
	8	3,000000	0,719736	1,966507	
	9	3,000000	1,113037	2,566507	
	10		1,626389	3,166507	

Wert der Zielfunktion: L = 20,088808

Iterat. schritt	k	v(k)	$x_1(k)$	$x_2(k)$	$g(\varphi(k))$ $r(\varphi(10))$
	0	-2,499534	-1,000000	2,000000	-1,750000
	1	-2,497294	-0,600000	1,500093	-1,490093
	2	-1,617436	-0,299981	1,000634	-0,960627
	3	-0,610378	-0,099854	0,677147	-0,517031
1.	4	0,347329	0,035575	0,555072	-0,268231
	5	1,232155	0,146589	0,624537	-0,206460
	6	2,422725	0,271497	0,890968	-0,295761
	7	3,000000	0,449690	1,375513	-0,473601
	8	3,000000	0,724793	1,975513	-0,475395
	9	3,000000	1,119896	2,575513	0,048549
	10		1,634999	3,175513	-0,013975

Wert der Zielfunktion: L = 19,975696

Iterat. schritt	k	v(k)	$x_1(k)$	$x_2(k)$	$g(\varphi(k))$ $r(\varphi(10))$
	0	-2,499768	-1,000000	2,000000	-1,750000
	1	-2,499651	-0,600000	1,500046	-1,490046
	2	-1,704023	-0,299991	1,000116	-0,960112
	3	-0,648126	-0,099967	0,659311	-0,499285
5.	4	0,358421	0,031895	0,529686	-0,246774
	5	1,392090	0,137832	0,601371	-0,194541
	6	2,531508	0,258106	0,879789	-0,305064
	7	3,000000	0,434064	1,386090	-0,513615
	8	3,000000	0,711282	1,986090	-0,518886
	9	3,000000	1,108500	2,586090	0,001182
	10		1,625718	3,186090	-0,002102

Wert der Zielfunktion: L = 18,924049

Iterat. schritt	k	v(k)	$x_1(k)$	$x_2(k)$	$g(\varphi(k))$ $r(\varphi(10))$
	0	-2,500000	-1,000000	2,000000	-1,750000
	1	-2,496798	-0,600000	1,500000	-1,490000
	2	-1,701299	-0,300000	1,000640	-0,960640
	3	-0,647347	-0,099872	0,660381	-0,500278
	4	0,357244	0,032204	0,530911	-0,247670

Iterat. schritt	k	v(k)	$x_1(k)$	$x_2(k)$	$\frac{g(\varphi(k))}{r(\varphi(10))}$
	5	1,388963	0,138387	0,602360	-0,194823
	6	2,526457	0,258859	0,880153	-0,304287
10.	7	2,997032	0,434889	1,385444	-0,511427
	8	3,000000	0,711978	1,984851	-0,515960
	9	3,000000	1,108948	2,584851	0,003863
	10		1,625918	3,184851	-0,004380

Wert der Zielfunktion: L = 18,919877

	0	-2,500000	-1,000000	2,000000	-1,750000
	1	-2,498040	-0,600000	1,500000	-1,490000
	2	-1,699736	-0,300000	1,000392	-0,960392
	3	-0,646657	-0,099922	0,660445	-0,500382
	4	0,357037	0,032167	0,531113	-0,247911
20.	5	1,387874	0,138390	0,602521	-0,184979
	6	2,524535	0,258894	0,880096	-0,304175
	7	3,000000	0,434913	1,385003	-0,510940
	8	3,000000	0,711914	1,985003	-0,516267
	9	3,000000	1,108915	2,585003	0,003603
	10		1,625915	3,185003	-0,004079

Wert der Zielfunktion: L = 18,918640

	0	-2,500000	-1,000000	2,000000	-1,750000
	1	-2,499792	-0,600000	1,500000	-1,490000
	2	-1,698498	-0,300000	1,000042	-0,960042
	3	-0,645891	-0,099992	0,660342	-0,500335
	4	0,357312	0,032077	0,531164	-0,248058
30.	5	1,387669	0,138309	0,602626	-0,195187
	6	2,523897	0,258835	0,880160	-0,304329
	7	3,000000	0,434867	1,384939	-0,510964
	8	3,000000	0,711855	1,984939	-0,516348
	9	3,000000	1,108842	2,584939	0,003435
	10		1,625830	3,184393	-0,004291

Wert der Zielfunktion: L = 18,918406

	0	-2,500000	-1,000000	2,000000	-1,750000
	1	-2,500000	-0,600000	1,500000	-1,490000
	2	-1,697811	-0,300000	1,000000	-0,960000
	3	-0,645523	-0,100000	0,660438	-0,500438
	4	0,357320	0,032088	0,531333	-0,248216
40.	5	1,387343	0,138354	0,602797	-0,195301
	6	2,523331	0,258913	0,880266	-0,304316
	7	3,000000	0,434968	1,384932	-0,510769
	8	3,000000	0,711953	1,984932	-0,516102
	9	3,000000	1,108940	2,584932	0,003755
	10		1,625926	3,184932	-0,004210

Wert der Zielfunktion: L = 18,918319

Iterat. schritt	k	v(k)	$x_1(k)$	$x_2(k)$	$g(\varphi(k))$ $r(\varphi(10))$
	0	-2,500000	-1,000000	2,000000	-1,750000
	1	-2,500000	-0,600000	1,500000	-1,490000
	2	-1,697204	-0,300000	1,000000	-0,960000
	3	-0,644819	-1,000000	0,660559	-0,500559
	4	0,356030	0,032112	0,531595	-0,248452
	5	1,385336	0,138431	0,602801	-0,195207
	6	2,525360	0,259991	0,879869	-0,303801
	7	3,000000	0,434965	1,384941	-0,510781
	8	3,000000	0,711953	1,984941	-0,516110
	9	3,000000	1,108941	2,584941	0,003751
	10		1,625929	3,184941	-0,004189

Optimaler Wert der Zielfunktion: $L\,[\varphi^{oP},\tilde{\lambda}] = 18{,}918316$

Fehlereinschließung: $18{,}917799 \leqq L\,[\varphi^{oP},\tilde{\lambda}] \leqq 18{,}918316$

Optimale Steuerung und optimale Trajektorie für $\lambda^{o},\lambda^{1} = 10^{4}$

Iterat. schritt	k	v(k)	$x_1(k)$	$x_2(k)$	$g(\varphi(k))$ $r(\varphi(10))$
	0	-2,500000	-1,000000	2,000000	
	1	-2,500000	-0,600000	1,500000	
	2	-1,697204	-0,300000	1,000000	
	3	-0,644819	-0,100000	0,660559	
	4	0,356030	0,032112	0,531595	
0.	5	1,385336	0,138431	0,602801	
	6	2,525360	0,258991	0,879867	
	7	3,000000	0,434965	1,384941	
	8	3,000000	0,711953	1,984941	
	9	3,000000	1,108941	2,584941	
	10		1,625929	3,184941	

Wert der Zielfunktion: L = 19,060611

	0	-2,500000	-1,000000	2,000000	-1,750000
	1	-2,499715	-0,600000	1,500000	-1,490000
	2	-1,696663	-0,300000	1,000057	-0,960057
	3	-0,644034	-0,099989	0,660724	-0,500715
	4	0,357057	0,032156	0,531918	-0,248727
1.	5	1,386606	0,138450	0,603329	-0,195596
	6	2,526874	0,259206	0,880650	-0,304257
	7	3,000000	0,435336	1,386025	-0,511172
	8	3,000000	0,712541	1,986025	-0,515770
	9	3,000000	1,109745	2,586025	0,005256
	10		1,626951	3,186025	-0,000999

Wert der Zielfunktion: L = 19,053398

Iterat. schritt	k	$v(k)$	$x_1(k)$	$x_2(k)$	$g(\varphi(k))$ / $r(\varphi(10))$
	0	-2,500000	-1,000000	2,000000	-1,750000
	1	-2,499884	-0,600000	1,500000	-1,490000
	2	-1,705340	-0,300000	1,000023	-0,960023
	3	-0,647934	-0,099995	0,658955	-0,498951
10.	4	0,357934	0,031796	0,529368	-0,246562
	5	1,392259	0,137669	0,600955	-0,194333
	6	2,537304	0,257860	0,879407	-0,305055
	7	3,000000	0,433742	1,386868	-0,514994
	8	3,000000	0,711115	1,986867	-0,520067
	9	3,000000	1,108488	2,586867	0,000368
	10		1,625862	3,186868	-0,000402

Wert der Zielfunktion: $L = 18,932629$

	0	-2,500000	-1,000000	2,000000	-1,750000
	1	-2,500000	-0,600000	1,500000	-1,490000
	2	-1,705229	-0,300000	1,000000	-0,960000
	3	-0,647868	-0,100000	0,658954	-0,498954
20.	4	0,357957	0,031791	0,529381	-0,246579
	5	1,392239	0,137667	0,600972	-0,194353
	6	2,537240	0,257861	0,879420	-0,305067
	7	3,000000	0,433745	1,386868	-0,514987
	8	3,000000	0,711119	1,986868	-0,520059
	9	3,000000	1,108492	2,586867	0,000379
	10		1,625866	3,186868	-0,000399

Wert der Zielfunktion: $L = 18,932610$

0	-2,5000000	-1,000000	2,000000	-1,750000
1	-2,5000000	-0,600000	1,500000	-1,490000
2	-1,705219	-0,300000	1,000000	-0,960000
3	-0,647865	-1,000000	0,658956	-0,498956
4	0,357943	0,031791	0,529383	-0,246581
5	1,392214	0,137668	0,600972	-0,194351
6	2,537224	0,257862	0,879415	-0,305059
7	3,000000	0,433745	1,386859	-0,514979
8	3,000000	0,711117	1,986859	-0,520055
9	3,000000	1,108489	2,586859	0,000377
10		1,625860	3,186859	-0,000420

Optimaler Wert der Zielfunktion: $L\,[\varphi^{oP},\tilde{\lambda}] = 18,932608$

Fehlereinschließung: $18,931726 \leq L\,[\varphi^{oP},\tilde{\lambda}] \leq 18,932608$

Optimale Steuerung und optimale Trajektorie für $\lambda^0, \lambda^1 = 10^5$

Iterat. schritt	k	$v(k)$	$x_1(k)$	$x_2(k)$	$g(\varphi(k))$ $r(\varphi(10))$
	0	-2,500000	-1,000000	2,000000	
	1	-2,500000	-0,600000	1,500000	
	2	-1,705219	-0,300000	1,000000	
	3	-0,647865	-0,100000	0,658956	
	4	0,357943	0,031791	0,529383	
0.	5	1,392214	0,137668	0,600972	
	6	2,537224	0,257862	0,879415	
	7	3,000000	0,433745	1,386859	
	8	3,000000	0,711117	1,986859	
	9	3,000000	1,108489	2,586859	
	10		1,625861	3,186859	

Wert der Zielfunktion: L = 18,946961

	0	-2,500000	-1,000000	2,000000	-1,750000
	1	-2,499983	-0,600000	1,500000	-1,490000
	2	-1,705185	-0,300000	1,000000	-0,960003
	3	-0,647816	-0,099999	0,658966	-0,498966
	4	0,358007	0,031794	0,529403	-0,246598
1.	5	1,392293	0,137675	0,601005	-0,194376
	6	2,537319	0,257876	0,879463	-0,305088
	7	3,000000	0,433768	1,386927	-0,515004
	8	3,000000	0,711154	1,986927	-0,520034
	9	3,000000	1,108539	2,586927	0,000471
	10		1,625924	3,186927	-0,000221

Wert der Zielfunktion: L = 18,945034

	0	-2,500000	-1,000000	2,000000	-1,750000
	1	-2,499994	-0,600000	1,500000	-1,490000
	2	-1,706050	-0,300000	1,000001	-0,960001
	3	-0,648183	-0,099999	0,658791	-0,498791
	4	0,358137	0,031758	0,529155	-0,246388
10.	5	1,392921	0,137589	0,600782	-0,194262
	6	2,538443	0,257745	0,879366	-0,305187
	7	2,999998	0,433619	1,387055	-0,515410
	8	3,000000	0,711030	1,987055	-0,520461
	9	3,000000	1,108441	2,587055	0,000028
	10		1,625852	3,187055	-0,000039

Wert der Zielfunktion: L = 18,934051

	0	-2,500000	-1,000000	2,000000	-1,750000
	1	-2,500000	-0,600000	1,500000	-1,490000
	2	-1,706023	-0,300000	1,000000	-0,960000
	3	-0,648172	-0,100000	0,658795	-0,498795
	4	0,358133	0,031759	0,529161	-0,246393

Iterat. schritt	k	v(k)	$x_1(k)$	$x_2(k)$	$g(\varphi(k))$ / $r(\varphi(10))$
	5	1,392902	0,137591	0,600788	-0,194265
	6	2,538409	0,257749	0,879368	-0,305185
15.	7	3,000000	0,433622	1,387050	-0,515399
	8	3,000000	0,711032	1,987050	-0,520450
	9	3,000000	1,108442	2,587050	0,000037
	10		1,625854	3,187050	-0,000048

Wert der Zielfunktion: L = 18,934046

	0	-2,500000	-1,000000	2,000000	-1,750000
	1	-2,500000	-0,600000	1,500000	-1,490000
	2	-1,706025	-0,300000	1,000000	-0,960000
	3	-0,648172	-1,000000	0,658795	-0,498795
	4	0,358136	0,031759	0,529161	-0,246393
	5	1,392906	0,137591	0,600788	-0,194265
	6	2,538416	0,257749	0,879369	-0,305186
	7	3,000000	0,433622	1,387052	-0,515401
	8	3,000000	0,711033	1,987052	-0,520451
	9	3,000000	1,108443	2,587052	0,000038
	10		1,625854	3,187052	-0,000042

Optimaler Wert der Zielfunktion: $L\,[w^{oP},\hat{\lambda}] = 18{,}934044$

Fehlereinschließung: $18{,}931881 \leqq L\,[w^{oP},\tilde{\lambda}] \leqq 18{,}934044$

Optimale Steuerung und optimale Trajektorie für $\lambda^0,\lambda^1 = 10^6$

Iterat. schritt	k	v(k)	$x_1(k)$	$x_2(k)$	$g(\varphi(k))$ / $r(\varphi(10))$
	0	-2,500000	-1,000000	2,000000	
	1	-2,500000	-0,600000	1,500000	
	2	-1,706025	-0,300000	1,000000	
	3	-0,648172	-0,100000	0,658795	
0.	4	0,358136	0,031759	0,529161	
	5	1,392906	0,137591	0,600788	
	6	2,538416	0,257749	0,879369	
	7	3,000000	0,433622	1,387052	
	8	3,000000	0,711033	1,987052	
	9	3,000000	1,108443	2,587052	
	10		1,625854	3,187052	

Wert der Zielfunktion: L = 18,935479

	0	-2,500000	-1,000000	2,000000	-1,750000
	1	-2,499998	-0,600000	1,500000	-1,490000
	2	-1,706021	-0,300000	1,000000	-0,960000
	3	-0,648166	-0,099999	0,658796	-0,498796
1.	4	0,358144	0,031759	0,529163	-0,246395
	5	1,392916	0,137592	0,600792	-0,194268
	6	2,538428	0,257750	0,879375	-0,305189
	7	3,000000	0,433625	1,387061	-0,515404
	8	3,000000	0,711037	1,987061	-0,520449
	9	3,000000	1,108450	2,587061	0,000049
	10		1,625862	3,187061	-0,000017

Wert der Zielfunktion: L = 18,935314

Iterat. schritt	k	v(k)	$x_1(k)$	$x_2(k)$	$g(\varphi(k))$ $r(\varphi(10))$
	0	-2,499999	-1,000000	2,000000	-1,750000
	1	-2,499988	-0,600000	1,500000	-1,490000
	2	-1,706120	-0,300000	1,000003	-0,960003
	3	-0,648210	-0,099999	0,658779	-0,498778
10.	4	0,358155	0,031756	0,529137	-0,246372
	5	1,392982	0,137584	0,600768	-0,194255
	6	2,538549	0,257737	0,879364	-0,305198
	7	2,999991	0,433610	1,387074	-0,515446
	8	3,000000	0,711025	1,987072	-0,520491
	9	3,000000	1,108439	2,587072	0,000004
	10		1,625853	3,187072	-0,000003

Wert der Zielfunktion: L = 18,934196

	0	-2,500000	-1,000000	2,000000	-1,750000
	1	-2,499989	-0,600000	1,500000	-1,490000
	2	-1,706115	-0,300000	1,000002	-0,960002
	3	-0,648208	-0,100000	0,658779	-0,498779
25.	4	0,358153	0,031756	0,529138	-0,246373
	5	1,392976	0,137584	0,600768	-0,194255
	6	2,538539	0,257737	0,879363	-0,305197
	7	3,000000	0,433610	1,387071	-0,515443
	8	3,000000	0,711024	1,987071	-0,520491
	9	3,000000	1,108439	2,587071	0,000004
	10		1,625853	3,187071	-0,000005

Wert der Zielfunktionen: L = 18,934190

0	-2,500000	-1,000000	2,000000	-1,750000
1	-2,500000	-0,600000	1,500000	-1,490000
2	-1,706106	-0,300000	1,000000	-0,960000
3	-0,648202	-0,100000	0,658779	-0,498779
4	0,358155	0,031756	0,529138	-0,246374
5	1,392975	0,137583	0,600769	-0,194257
6	2,538535	0,257737	0,879364	-0,305198
7	3,000000	0,433610	1,387071	-0,515443
8	3,000000	0,711024	1,987071	-0,520491
9	3,000000	1,108439	2,587071	0,000004
10		1,625853	3,187071	-0,000004

Optimaler Wert der Zielfunktion: $L\,[w^{oP},\tilde{\lambda}] = 18{,}934188$

Fehlereinschließung: $18{,}933654 \leqq L\,[w^{oP},\tilde{\lambda}] \leqq 18{,}934188$

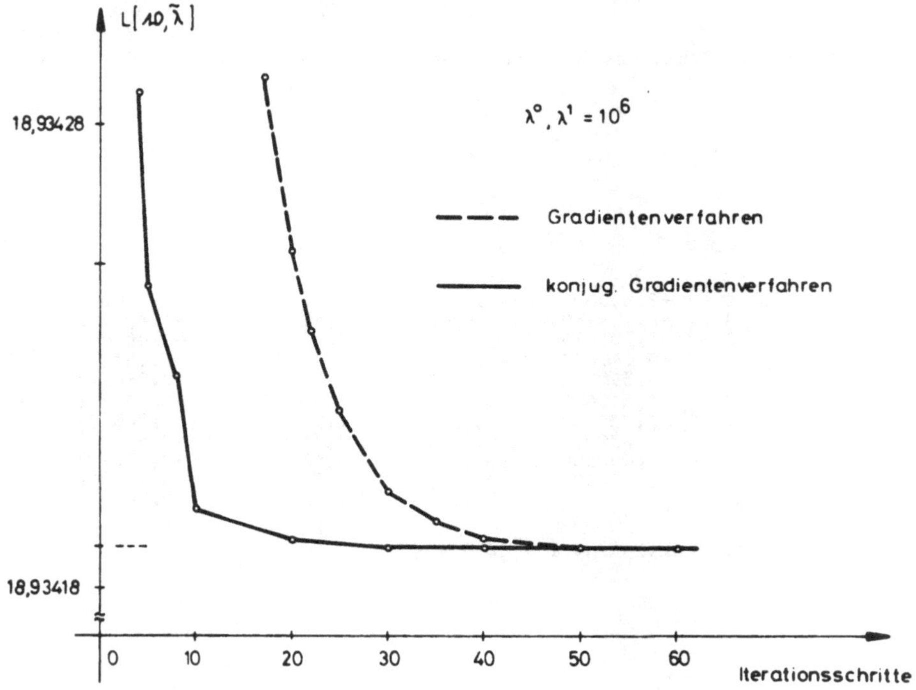

Abb. 9 Verhalten der Zielfunktion

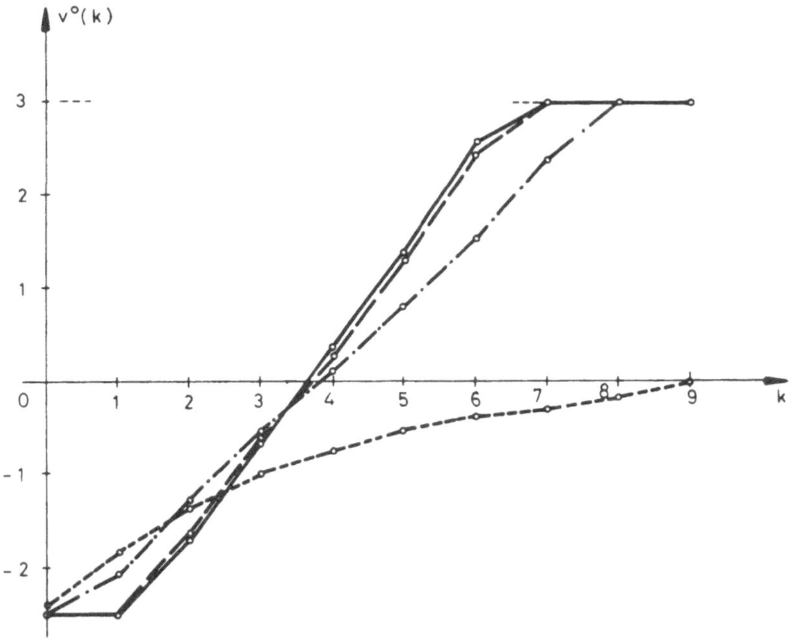

Abb. 10: Optimale Steuerfolgen $\{v^{o}(k)\}_k$ im Steuerungsraum V für λ^{o}, λ^{1} = 0(– – – –); 5(—·—); 10^2(— — —); 10^6(——)

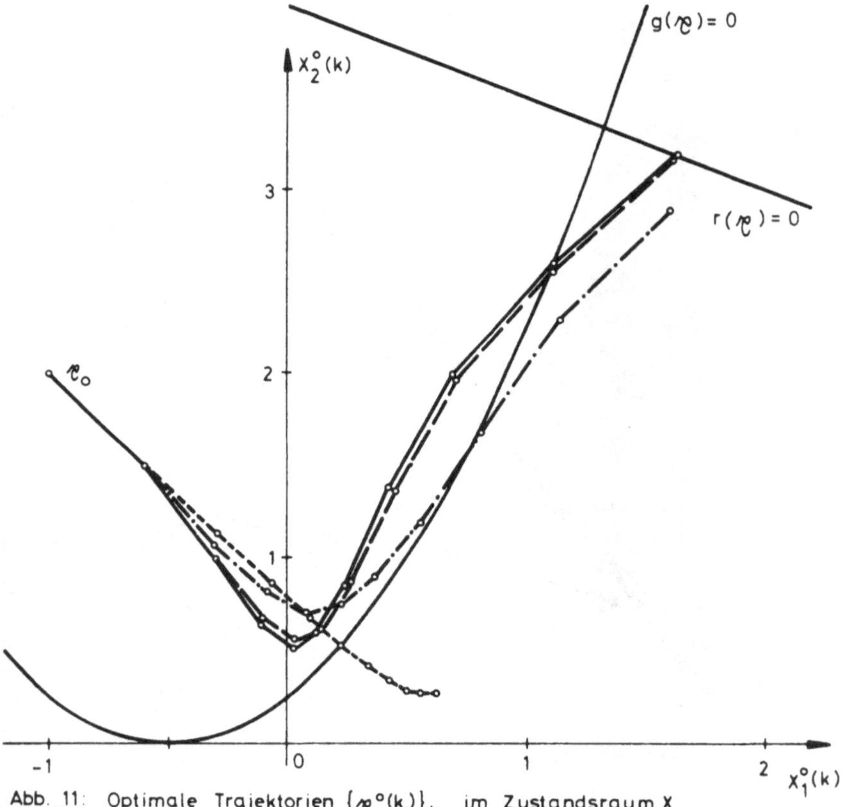

Abb. 11: Optimale Trajektorien $\{𝔵^o(k)\}_k$ im Zustandsraum X für λ^o, λ^1 = 0(- - - -); 5(—·—); 10^2(— —); 10^6(——)

k	$\lambda = (5,5)$	$\lambda=(10^2,10^2)$	$\lambda=(10^3,10^3)$	$\lambda=(10^4,10^4)$	$\lambda=(10^5,10^5)$	$\lambda=(10^6,10^6)$
0	-2,500000	-2,500000	-2,500000	-2,500000	-2,500000	-2,500000
1	-2,066504	-2,500000	-2,500000	-2,500000	-2,500000	-2,500000
2	-1,256114	-1,622079	-1,697204	-1,705219	-1,706025	-1,706106
3	-0,546213	-0,616886	-0,644819	-0,647865	-0,648172	-0,648202
4	0,119991	0,338957	0,356030	0,357943	0,358136	0,358155
5	0,795794	1,321919	1,385336	1,392214	1,392906	1,392975
6	1,535262	2,410624	2,525360	2,537224	2,538416	2,538535
7	2,397550	3,000000	3,000000	3,000000	3,000000	3,000000
8	3,000000	3,000000	3,000000	3,000000	3,000000	3,000000
9	3,000000	3,000000	3,000000	3,000000	3,000000	3,000000
$g(\varphi^o(8))$	0,006798	< 0	< 0	< 0	< 0	< 0
$g(\varphi^o(9))$	0,407065	0,035382	0,003751	0,000377	0,000038	0,000004
$r(\varphi^o(10))$	-0,604818	-0,040648	-0,004189	-0,000420	-0,000042	-0,000004
$L[\omega^o,\tilde{\lambda}]$	17,028227	18,781967	18,918316	18,932608	18,934044	18,934188

Tabelle 1: **Optimale Steuerfolgen** $\{v^o_{\tilde{\lambda}}(k)\}_k$ **der Steuerungsprobleme** $\min_{\omega^P \in V_1^P} L[\omega^P,\tilde{\lambda}]$ **für** $\lambda^o, \lambda^1 = 5, 10^2, 10^3, 10^4, 10^5, 10^6$

Tabelle 1 enthält die optimalen Steuerfolgen $\{v^{o}_{\tilde{\lambda}}(k)\}_k$ der Näherungsprobleme

$$L[\omega^{o}P,\tilde{\lambda}] = \min_{\omega^{P} \in V_1^P} L[\omega^{P},\tilde{\lambda}]$$

mit den angegebenen $(\lambda^{0},\lambda^{1})$- Werten. Wie bewiesen wurde, konvergiert die Folge $\{v_{\tilde{\lambda}}(k)\}$, $k = 0(1)9$, und man erhält als brauchbare Näherungslösung für das Problem (6.1) die zu den Werten $\lambda^{0}, \lambda^{1} = 10^{6}$ gehörende Steuerung (7. Spalte). Für die zugehörige Trajektorie im Zustandsraum ist

$$g(\xi(k))<0 \ , \ k = 0(1)8; \ g(\xi(9))<4\cdot 10^{-6}; \ r(\xi(10)) = -4\cdot 10^{-6}.$$

Der optimale Wert der Zielfunktion beträgt $L = 18{,}934188$. Die numerischen Berechnungen wurden auf dem Digitalrechner CD 6400 der RWTH Aachen durchgeführt. Die Rechenzeit, einschließlich der Fehlereinschließung, betrug 83,6 sek..

VII. Literaturverzeichnis

[1] PONTRYAGIN, L.S. : Mathematische Theorie optimaler Prozesse
R. Oldenbourg, München (1964)

[2] PROPOI, A.J. : The Maximum Principle for Discrete Control Systems
Automation and Remote Control, 26, No 7 (1965)

[3] CHANG, S.S.L. : An Extension of Ascoli's Theorem and its Applications to the Theory of Optimum Control
AFOSR Report 1973, Jannary (1962)

[4] FAN, L.T. : Das diskrete Maximum Prinzip
R. Oldenbourg, München (1968)

[5] LEE-MARKUS : Foundations of Optimal Control Theory
J. Wiley, N.Y. (1967)

[6] JORDAN, B.W. and POLAK, E. : Theory of a Class of Discrete Optimal Control Systems
J. Electronics and Control, vol 17 (1964)

[7] CHYUNG, D.H. : Discrete Linear Optimal Control Systems with Essentially Quadratic Cost Functionals
JEEE Transactions of Automatic Control, vol 11, No 3 (1966)

[8] HALKIN, H; JORDAN; POLAK; ROSEN, J.B. : Theory of Optimum Discrete Time Systems
Proceedings of the 3. IFAC Congress,
London (1966)

[9] COURANT, R. : Calculus of Variations
New York University, Institute of Mathematical Sciences
New York (1956)

[10] HO, Y.C. and BRENTANI, P.B. : On Computing Optimal Control with Inequality Constraints
J. SIAM Control, vol 1, No 3 (1965)

[11] GHONAIMY, M.A.R. : On a Direct Method of Optimization: Linear Control Systems
Proceedings of the 3. IFAC Congress, London (1966)

[12] KNAPP, C.H. and FROST, P.A. : Determination of Optimum Control and Trajectories Using the Maximum Prinziple in Association with a Gradient Technique.
JEEE Transactions on Automatic Control, 10(1965)

[13] NEUSTADT, L.W. and PAIEWONSKY, B.H. : On Synthesizing Optimal Controls
Automatic and Remote Control, Proceedings Second IFAC Congress (Theory), Basel (1963)

[14] ZOUTENDIJK, G. : Methods of Feasible Directions Elsevier Publishing Company, Amsterdam (1960)

[15] VALENTINE, F.A. : Konvexe Mengen
B.J. Hochschultaschenbücher Mannheim, No 402/402a

[16] OKAMURA, KIYOHISA : Some Mathematical Theory of the Penalty Method for Solving Optimum Control Problems
J. SIAM Control, vol 2, No 3 (1965)

[17] LASDON, L.S; MITTER, K.S. and WAREN, A.D. : The Conjugate Gradient Method for Optimal Control Problems.
IEEE Transactions on Automatic Control, vol 12 (1967)

[18] ROSEN, J.B.. : The Gradient Projection Method for Nonlinear Programming.
SIAM 8 (1960)

[19] NEUMANN, K. : Dynamische Optimierung
BJ Hochschulskripten Mannheim, No 714/714a

Finanzmathematik

Von **Marcel Nicolas.** 2. verbesserte Auflage. 192 Seiten. mit 11 Tafeln, 8 Tabellen und 72 Beispielen. 1967. DM 5,80 (Sammlung Göschen Band 1183/1183 a)

Informationssysteme in Wirtschaft und Verwaltung

Herausgegeben von **Rolf A. Fischer** und **Helmut Walter.** In Zusammenarbeit mit der Gesellschaft für elektronische Systemforschung. Mit einem Vorwort von Prof. Dr. K. Steinbuch. Groß-Oktav. Etwa 400 Seiten. 1971. Etwa DM 58,–

Management-Informations-Systeme

Von **Sebastian Dworatschek.** Groß-Oktav. Etwa 192 Seiten. 1971. Etwa DM 38,– (Informations-Systeme)

Methoden und Organisation von Management-Informations-Systemen

Von **Dieter S. Koreimann.** Groß-Oktav. Etwa 176 Seiten. 1971. Gebunden etwa DM 38,– (Informations-Systeme)

Computer und Management

Von **Donald H. Sanders.** Groß-Oktav. Etwa 480 Seiten. Mit 48 Abbildungen und Tabellen. 1971. Gebunden etwa DM 60,– (Informations-Systeme)

Grundfragen des Management

Mensch und Organisation in der Unternehmung. Von **Hans Fritz Groß.** 179 Seiten. Mit 27 Figuren. 1971. DM 9,80 (Sammlung Göschen Band 4008)

Organisations-Handbuch für die Einführung von ADV-Systemen

Von **Eberhard Parisini** und **Otto Wächter.** Groß-Oktav. 299 Seiten und 3 Falttafeln. Mit zahlreichen Bildern und Beispielen. 1971. DM 48,–

Handbuch für Systemorganisation

Von **Werner Sommer.** Groß-Oktav. Etwa 560 Seiten. Mit zahlreichen Abbildungen. 1971. Geb. Etwa DM 90,–

Planung und Entwicklung neuer Produkte

Von **Klaus Brankamp.** 178 Seiten. Mit 117 Abbildungen. 1971. DM 30,–

Verlag Walter de Gruyter & Co · Berlin · New York

FSC
www.fsc.org
MIX
Papier | Fördert gute Waldnutzung
FSC® C083411

Kolibri 360 GmbH
Ferdinand-Jühlke-Straße 7
99095 Erfurt, Deutschland
produktsicherheit@kolibri360.de